Ulrich Hilleringmann

Mikrosystemtechnik

Prozessschritte, Technologien, Anwendungen

T0255387

Ulrich Hilleringmann

Mikrosystemtechnik

Prozessschritte, Technologien, Anwendungen

Mit 193 Abbildungen und 13 Tabellen

Teubner

Bibliografische Information Der Deutschen Bibliothek
Die Deutsche Bibliothek verzeichnet diese Publikation in der Deutschen Nationalbibliografie;
detaillierte bibliografische Daten sind im Internet über <http://dnb.ddb.de> abrufbar.

Prof. Dr.-Ing. Ulrich Hilleringmann studierte von 1978 bis 1984 Diplom-Physik, promovierte 1988 an der Universität Dortmund zum Thema „Laser-Rekristallisation von Silizium-Integration von CMOS-Schaltungen auf isolierendem Substrat" und habilitierte sich 1994, ebenfalls an der Universität Dortmund, mit der Schrift „Integrierte Optik auf Silizium – Ein Beitrag zur Mikrosystemtechnik". Seit 1999 ist er Professor für das Fachgebiet Sensorik an der Universität Paderborn. Dort liest er Vorlesungen mit den Schwerpunkten Halbleitertechnologie, Halbleiterbauelemente, Messtechnik, Mikrosystemtechnik und Sensorik.

1. Auflage April 2006

Umschlaggestaltung: Ulrike Weigel, www.CorporateDesignGroup.de
Druck und buchbinderische Verarbeitung: Strauss Offsetdruck, Mörlenbach
Gedruckt auf säurefreiem und chlorfrei gebleichtem Papier.

ISBN 978-3-8351-0003-9

Vorwort

Die Mikrosystemtechnik unterstützt den Menschen bereits heute in vielen Bereichen des alltäglichen Lebens; dabei ist er sich ihrer Wirkung allerdings kaum noch bewusst. Tintendruckköpfe ermöglichen Ausdrucke in Fotoqualität, Druck- und Flusssensoren überwachen den Kraftfahrzeugmotor und Drehratensensoren sorgen für eine erhöhte Fahrsicherheit im Straßenverkehr. In der Medizintechnik werden Mikrosysteme als Herzkatheder eingesetzt, die Biologie nutzt Mikropumpen und die Chemie verwendet Mikroreaktoren zur Synthese.

Viele dieser Anwendungen setzen zusätzlich mikroelektronische Schaltungen zur Signalverstärkung und -verarbeitung ein. Nicht nur aus diesem Grund basieren eine Vielzahl von Mikrosystemen auf dem Halbleitermaterial Silizium, denn es bietet neben den elektronischen Eigenschaften auch hervorragende mechanische Qualitäten. Des Weiteren lassen sich die für die Mikroelektronik entwickelten Prozesstechniken in der Mikrosystemtechnik als Verfahrensgrundlage zur kostengünstigen Herstellung von Sensoren und Systemen nutzen.

Dieses Buch stellt die Grundprozesse der Mikroelektronik, Mikromechanik und Mikrooptik vor, verknüpft physikalische Effekte mit ihren Anwendungen in der Sensorik und zeigt anhand verschiedenster Beispiele die faszinierenden Eigenschaften der Mikrostrukturen auf. Es wendet sich an Studierende der Ingenieurwissenschaften und der Angewandten Physik, an Prozessingenieure und an Auszubildende im Umfeld der Mikrotechnologie.

Mein Dank gilt allen, die zum Gelingen des Buches beigetragen haben. Besonders nennen möchte ich die Herren Dipl.-Ing. Tobias Balkenhol, Thomas Diekmann und Martin Dierkes sowie Dipl. Phys. Christoph Pannemann. Für die Prozessführung danke ich Alexander Jonas und Andreas Becker sowie Heinz Funke und Werner Büttner.

Besonderer Dank gilt meiner Familie für ihre Rücksichtnahme während des zeitintensiven Verfassens des Buches.

im Februar 2006   Ulrich Hilleringmann

Inhaltsverzeichnis

1 Einleitung

Die hochentwickelte Prozesstechnik der Silizium-Halbleitertechnologie bildet die Grundlage für die Herstellung komplexer Schaltungen wie Mikroprozessoren und Speicherbausteine mit inzwischen mehreren 100 Millionen Transistoren je Chip. Fotolithografie, Ätztechnik, Dotierung und Schichtabscheidungen werden heute bis im Nanometermaßstab präzise und nahezu fehlerfrei auf großen Flächen beherrscht.

Doch nicht nur die Elektronik nutzt diese moderne Technologie. In der Mikromechanik lassen sich unter Anwendung der gleichen Einrichtungen und Anlagen bewegliche mechanische Komponenten wie Membranen, Mikromotoren oder Getriebe erzeugen. Die integrierte Optik verwendet Lichtwellenleiter im Mikrometermaßstab, die mit den Abscheide-, Ätz- und Lithografieverfahren aus der Mikroelektronik hergestellt werden.

Die Mikrosystemtechnik, die sich etwa um 1980 entwickelte, verbindet nun folgerichtig die einzelnen erfolgreichen Felder der Mikrotechniken, entweder in Form von hybriden Einzelkomponenten auf einem gemeinsamen Träger oder als monolithisch integrierten Chip.

Hybride Systeme nutzen häufig Aluminiumoxidkeramiken oder Platinen als Träger, die eine oder mehrere Verdrahtungsebenen zur Verbindung der elektronischen Bauelemente aufweisen. Die Systembestandteile, die aus verschiedenen Materialien bestehen können, werden auf dem Träger positioniert, befestigt und über spezielle Montagetechniken elektrisch miteinander verbunden.

Monolithisch integrierte Chips beinhalten direkt das gesamte Mikrosystem. Da in nahezu jedem System ein elektronischer Anteil als Schnittstelle zur Peripherie gefordert ist, wird für diese Integrationstechnik fast ausschließlich das Halbleitermaterial Silizium als Substrat verwendet. Die konkurrierenden Materialien Gallium-Arsenid oder Indium-Phosphit sind von ihren mechanischen Eigenschaften her weitestgehend ungeeignet.

Die Miniaturisierung von Systemen bietet erhebliche Vorteile im Vergleich zu herkömmlichen Komponenten /1/:

– miniaturisierte Systeme besitzen geringe Massen und ermöglichen damit schnelle Reaktionen bzw. Bewegungen

– die Integrationstechnik zur Herstellung der Systeme liefert präzise Strukturen mit exakt vorgegebenen Eigenschaften

– die Eigenresonanzen der Systeme liegen bei relativ hohen Frequenzen, die im üblichen Einsatzbereich nicht auftreten

– durch den geringen Materialverbrauch miniaturisierter Systeme in Verbindung mit der Herstellung auf Scheiben- oder Los-Ebene ist eine extrem kostengünstige parallele Produktion möglich

– Störeinflüsse durch thermische Ausdehnung bei Temperaturwechsel-belastung sind i. a. vernachlässigbar

– die geringe Baugröße der Einzelelemente erlaubt das Zusammen-fassen vieler unterschiedlicher Funktionen in einem Gehäuse zu einem Mikrosystem

Die reine mikroelektronische Prozessführung reicht allerdings für die Integration vieler Mikrosysteme nicht aus, sodass ergänzende Bearbeitungsschritte oder Materialen erforderlich sind. Während in der Mikroelektronik unabhängig von der herzustellenden Schaltung stets der gleiche Fertigungsablauf zum Einsatz kommt, weisen die Prozesse zur Integration von Mikrosystemen eine große Vielfalt auf. Jedes Mikrosystem erfordert seinen eigenen, genau auf das Produkt abgestimmten Herstellungsablauf.

Da die Auswirkungen dieser Ergänzungen auf die Parameter der mikroelektronischen Komponenten nur bedingt abzuschätzen sind, erfordert die monolithische Integrationstechnik für elektronische und mechanische oder optische Elemente eine extrem sorgfältige Prozessführung bei genauer Kontrolle aller Parameter. Selbst geringfügige Eingriffe in die Prozessführung bewirken Parameter-verschiebungen oder Ausbeuteeinbußen.

Das Einsatzgebiet von Mikrosystemen beschränken sich heute nicht mehr auf wenige spezielle Sensoraufgaben; Mikrosysteme finden sich inzwischen in vielen Geräten des täglichen Lebens. Neben den zahlreichen Sensoren für Druck, Beschleunigung, Drehrate und Temperatur in der Fahrzeugtechnik und der Automatisierungstechnik sind Mikrosysteme in Form von Siliziummikrofonen und CCD-Chips z. B. in Mobiltelefonen eingebaut, moderne Waschmaschinen nutzen mikrosystemtechnische Temperatur-, Drehzahl- und Füllstandssensoren, die Medizintechnik nutzt komplexe Mikrosysteme im Herzkatheder, und die chemische Industrie erzeugt moderne Produkte in Mikroreaktoren, die eine Vielzahl mikrosystemtechnischer Komponenten enthalten /2/.

Folgerichtig sind die Mikroelektronik und Mikrosystemtechnik äußerst wichtige Bestandteile der Volkswirtschaft, da sie einen erheblichen Teil des Bruttoinlandproduktes darstellen. Zu Berücksichtigen ist dabei, dass z. B. ein Kfz ohne mikrosystemtechnische Komponenten heute nicht mehr konkurrenzfähig und damit unverkäuflich ist. Somit umfasst der Mikrosystemtechnik-Weltmarkt nicht nur den direkt mit entsprechenden Produkten erzielten Umsatz von ca. 75 Mrd. Dollar im Jahr 2005 /3/, sondern beeinflusst darüber hinaus den Umsatz einer Vielzahl von modernen Industrieprodukten.

Aktuell wird der Mikrosystemtechnikmarkt zurzeit von zwei Produkten dominiert, die etwa die Hälfte des Gesamtumsatzes garantieren: die Tintendruckköpfe und die Schreib-/Leseköpfe für Festplatten. Allerdings zeigen neuere Anwendungsbereiche erhebliche Zuwachsraten: Mikro-spektrometer, in-vitro-Diagnostic oder Drehratensensoren weisen Zu-wachsraten von mehreren 100% in den letzten 5 Jahren auf. Dabei erscheinen laufend neue Anwendungen und Systemlösungen auf dem Markt, sodass auch zukünftig ein enormes Wachstum in diesem Segment zu erwarten ist.

1.1 Der Begriff „Mikrosystemtechnik"

In der Literatur existieren verschiedene Definitionen des Begriffes Mikrosystemtechnik, die nur bedingt zueinander kongruent sind. Weit verbreitet ist die Festlegung:

„Ein Mikrosystem ist eine Verbindung von mindestens zwei Bereichen der Mikrotechniken, also aus der Mikroelektronik, der Mikromechanik, der Mikrooptik oder der Mikrofluidik. Die Abmessungen der Komponenten liegen dabei im Mikrometermaßstab, d. h. zwischen 1 μm und 1000 μm."

Diese Begriffsbestimmung ist jedoch nicht ganz korrekt, da es einige Ausnahmen gibt, die der Formulierung nicht standhalten. Ein Gegenbeispiel ist ein rein elektronischer Temperatursensor, der die Sperrschicht einer integrierten Diode als Sensor nutzt und mit Feldeffekttransistoren als Signalverarbeitung auf einem Chip hergestellt wird. Der Chip erfasst die Temperatur, verstärkt das Signal, verarbeitet die gewonnene Information und liefert ein der Umweltgröße entsprechendes Ausgangssignal. Dieses Mikrosystem besteht nur aus elektronischen Komponenten, die in den Abmessungen sogar deutlich unterhalb des Mikrometermaßstabes liegen können. Es erfüllt trotzdem die Bedingung der Definition nicht.

Eine alternative Definition ist weniger stark auf die zugrunde liegenden Technologien bezogen:

„Ein Mikrosystem ist eine Verknüpfung von miniaturisierten Sensoren, signalverarbeitenderer integrierter Elektronik und Aktoren zu einem Gesamtsystem, das „empfinden", „entscheiden" und „reagieren" kann. Mindestens eine der Systemkomponenten weist Abmessungen im Mikrometerbereich auf."

Auch nach dieser Definition besteht das Mikrosystem aus verschiedenen Komponenten, allerdings ist die Wahl der Mikrotechniken und der Aufbau des Systems nicht mehr eingeschränkt.

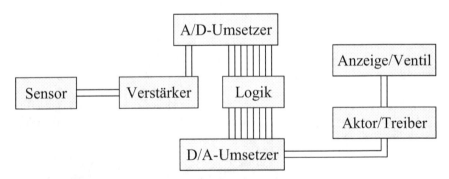

Bild 1.1: Blockdarstellung eines Mikrosystems, bestehend aus einem Sensor, der elektronischen Signalverarbeitung und einem Leistungstreiber zur Aktoransteuerung

Bild 1.1 zeigt ein Beispiel für ein Mikrosystem, bestehend aus einem Sensor, einer Signalverarbeitung, einem Aktor und einem Anzeige-instrument bzw. ausführendem Element. Ziel der Mikrosystemtechnik ist die komplette Integration aller Bauteile in einem (Silizium-) Substrat; dies ist bei den meisten Mikrosystemen heute noch nicht der Fall.

1.2 Aufbau eines Mikrosystems

In der Mikrosystemtechnik lassen sich zwei grundsätzliche Architekturen unterscheiden:

- die monolithische Integration eines vollständigen Systems auf einem einzelnen Chip,

- der hybride Aufbau des Systems aus verschiedenen Komponenten, die auf einem Träger miteinander verbunden sind.

Beide Techniken haben ihre jeweiligen Vor- und Nachteile, die insbesondere unter Kosten-, Ausbeute- und Zuverlässigkeitsaspekten zu betrachten sind.

1.2.1 Monolithische Integrationstechnik

Bei der monolithischen Integration befinden sich sämtliche Funktions-elemente (z.B. Sensoren, Elektronik und Aktoren) des Mikrosystems auf einem gemeinsamen Substrat. Alle Komponenten durchlaufen in der Herstellung einen gemeinsamen, auf einander abgestimmten Prozess, der eine hohe Komplexität aufweist.

Dieses monolithische Mikrosystem weist den geringsten Platzbedarf auf und ermöglicht hohe Signalgeschwindigkeiten, da die Verbindungswege zwischen den Komponenten kurz und kontaktfrei sind. Die Kontaktfreiheit sorgt für eine hohe Zuverlässigkeit und fast immer auch für eine hervorragende Langzeitstabilität der Systeme. Sensoren und Elektroniken sind in der Regel mit dem gleichen Simulationswerkzeug berechnet und entworfen worden, sodass eine exzellente Anpassung der Komponenten gegeben ist.

Nachteilig ist jedoch die geringere Ausbeute an funktionsfähigen Mikrosystemen in der Herstellung. Verschiedene Prozesse müssen an einander angepasst werden, zahlreiche Bearbeitungsschritte erfordern eine möglichst defektfreie exakte Durchführung und viele Maskenebenen sind optimal zu einander auszurichten. Da sämtliche Elemente des monolithischen Chips vollständig funktionsfähig sein müssen, um die Systemfunktion zu erfüllen, ist die Wahrscheinlichkeit einer fehlerhaften Komponente bei dem erforderlichen Prozessumfang und der in Relation zum Einzelbauteil hohen Chipfläche hoch.

monolithisch integriertes Mikrosystem (Einchiplösung)

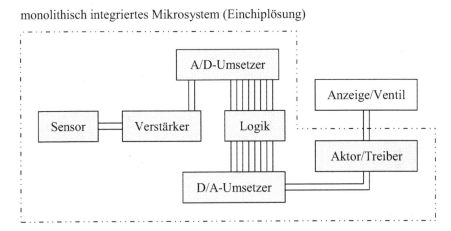

Bild 1.2: Aufbau eines monolithisch integrierten Mikrosystems mit Sensorelement, analoger und digitaler Signalverarbeitung und Leistungsbauelement zur Ansteuerung einer Ausgabe- oder Regeleinheit auf einem Chip

Hinzu kommt die geringe Flexibilität der komplexen, äußerst empfindlichen mikroelektronischen Prozessführung. Um keine Parameterverschiebungen durch ergänzende Prozesse zu erhalten, versuchen sämtliche Hersteller - ausgehend von einer bestehenden mikroelektronischen Integrationstechnik - die erforderlichen mechanischen oder optischen Komponenten in das Vorhandene rückwirkungsfrei einzupassen. Diese zusätzlichen Elemente erfordern in der Regel wesentlich weniger, aber keineswegs einfachere Prozessschritte als die

Mikroelektronik. Exzellente Sensorkonzepte können dabei wegen der Unverträglichkeit der Integrationsprozesse mit der Elektronik zugunsten von integrationsfähigen schlechteren Varianten ausscheiden. In der monolithischen Prozessführung sind aus Verträglichkeitsgründen nicht alle Materialien erlaubt, auch können manche Prozessschritte nicht variiert werden. Gold zum Beispiel führt zu erhöhten Diodenleckströmen und schnellem Datenverlust in dynamischen Speicherzellen, ermöglicht aber z. B. die Herstellung hervorragender Quecksilbersensoren. Die Integration des Sensors mit der Elektronik auf einem Chip ist in diesem Fall entweder mit hohen Kosten verbunden oder gar nicht möglich. Folglich ist die Kompatibilität der Herstellungsprozesse eine notwendige Voraussetzung für die monolithische Systemintegration.

1.2.2 Hybride Mikrosysteme

Der hybride Aufbau eines Mikrosystems verwendet einen Träger, auf dem die einzelnen Systemkomponenten montiert und verdrahtet werden. Infolge des Trägers und der Verdrahtung ist der Flächenbedarf hybrider Systeme deutlich größer als bei den monolithisch integrierten Mikrosystemen. Die Einzelbauelemente können hier aus verschiedenen Werkstoffen bestehen, z. B. ein Sensor aus Kunststoff in Verbindung mit einer Elektronik in Siliziumtechnik.

Da die einzelnen Komponenten des Mikrosystems jeweils unabhängig von einander hergestellt werden, ist für jedes Bauteil eine kostengünstige produktoptimierte Produktion möglich. Hohe Sensorempfindlichkeiten oder besonders geeignete Konstruktionen müssen nicht aufgrund von Kompatibilitätseinschränkungen zur Mikroelektronik verworfen werden. Auch zugekaufte Bauelemente lassen sich im hybriden Systemaufbau verwenden, sodass der Hersteller kein Expertenwissen für den Aufbau aller Einzelkomponenten des Mikrosystems benötigt.

Jedes einzelne Bauteil des Mikrosystems erfährt einen Funktionstest vor der Montage auf dem Systemträger, folglich gelangen nur einwandfrei getestete Bauelemente in den Systemaufbau. Ausbeuteeinbußen aufgrund von defekten Einzelelementen sind vernachlässigbar.

Nachteilig sind die zahlreichen elektrischen Verbindungen, die über das Trägersubstrat zwischen den einzelnen Systemkomponenten geführt werden müssen. Bewährt haben sich Dickschichtsubstrate mit aufgedruckten Leiterbahnen oder Dünnschichtkeramiken mit lithografisch strukturierter Verdrahtung. Die elektrische Kontaktierung erfolgt in beiden Fällen über Bondtechniken.

Elektrische Verbindungen gelten als ein dominanter Ausfallmechanismus für Mikrosysteme, deshalb fällt der Aufbau- und Verbindungstechnik in der hybriden Mikrosystemtechnik eine besondere Bedeutung zu. Mit steigender Verbindungszahl muss der Flächenbedarf je elektrischer Verbindung kontinuierlich sinken, um vertretbare Systemgrößen aufzubauen. Mithilfe der Flip-Chip- und Spider-Kontaktierung sowie Chip-Size-Packages als Kapselung stehen heute weitgehend zuverlässige und raumsparende Verbindungstechniken zur Verfügung.

Multichiplösung (hybrides Mikrosystem)

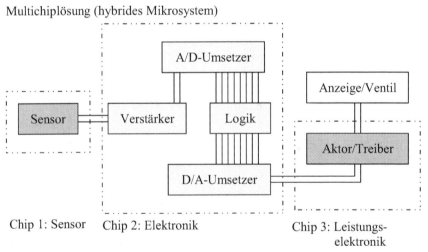

Chip 1: Sensor   Chip 2: Elektronik   Chip 3: Leistungs-
                                                         elektronik

Bild 1.3: Hybrides Mikrosystem, bestehend aus 3 getrennten Chips, die auf einem Träger montiert werden

Insbesondere wegen der freien Wahlmöglichkeiten der Technologie für die Integration jeder einzelnen Systemkomponente dominieren gegenwärtig die hybriden, aus modularen Untereinheiten bestehenden

Mikrosysteme den Markt. Hinzu kommt die erforderliche Spezialisierung in der Herstellung, denn die Vielfalt der Prozessvarianten kann von einem einzelnen Ingenieur nicht mehr überblickt bzw. beherrscht werden. Trotzdem besteht zunehmend das Bestreben zur Vergrößerung der Baugruppen und damit die Tendenz zur monolithischen Integration kompletter Systeme.

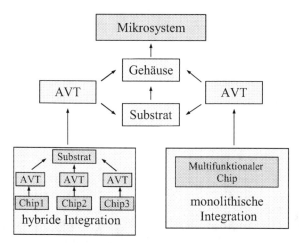

Bild 1.4: Veranschaulichung der Tendenz zur zusammenfassenden Integration geeigneter Baugruppen zu multifunktionalen Chips

1.3 Ausbeute- und Zuverlässigkeitsaspekte

Ein einfaches Mikrosystem besteht in der Regel aus einer Reihenschaltung von Einzelkomponenten. Ist eine Komponente in der Serienanordnung defekt, so fällt das gesamte System aus. Besteht das System dagegen aus parallel geschalteten Komponenten, so ist bei einem Ausfall einer Komponente zumindest noch eine Teilfunktion vorhanden, möglicherweise übernimmt sogar die parallele Baugruppe die vollständige Funktion.

Ähnliches gilt für die Zuverlässigkeit von Mikrosystemen. Auch hier zeigen Serienschaltungen von Komponenten erheblich höhere Ausfallwahrscheinlichkeiten als parallel arbeitende Systeme.

Die Ausbeute Y (= Yield, engl. Ausbeute) an funktionsfähigen Mikrosystemen hängt von den jeweiligen Ausbeuten der Einzelkomponenten Y_i ab. Bei einer Serienanordnung der Elemente folgt die Ausbeute Y_s als Produkt der Einzelausbeuten, bei einer Parallelanordnung bestimmt die Anzahl der gleichartigen unabhängig arbeitenden Komponenten die Zahl der funktionsfähigen Systeme.

Serienanordnung: $\qquad Y_s = \prod Y_i$ \hfill (1.1)

Parallelanordnung von n unabhängigen Systemen:

$$Y_p = 1 - (1 - Y_i)^n \qquad (1.2)$$

Gleiches gilt für die Zuverlässigkeit R (= Reliability) eines Mikrosystems, die durch die Einzelzuverlässigkeiten R_i der Systembestandteile gegeben ist. Dabei ist R ein Maß für die Wahrscheinlichkeit, dass ein System zum Bezugszeitpunkt t noch funktioniert.

Bei vielen Anwendungen wird als Bezugszeit 10 Jahre gewählt. Beispielsweise weist ein Mikrosystem, bestehend aus einem Sensor (Y_1=0,85, R_1=0,92), einem Verstärker (Y_2=0,98, R_2=0,99) und einem Leistungstreiber (Y_3=0,99, R_3=0,98) die folgende Ausbeute einer Serienschaltung auf:

$$Y_s = Y_1 \cdot Y_2 \cdot Y_3 = 0,85 \cdot 0,98 \cdot 0,99 = 0,825$$

Die Ausbeute beträgt Y_s = 82,5 %. Von den funktionsfähigen Systemen werden nach 10 Jahren aufgrund der begrenzten Zuverlässigkeit noch R = 89,3 % einwandfrei arbeiten.

Für einen Einsatz im Kraftfahrzeug reicht eine Zuverlässigkeit von 89,3% nach 10 Jahren nicht aus, die hohe Ausfallrate würde Kunden abschrecken. Aus diesem Grund fordern die Hersteller z. B. $R \geq 98\%$ bei einer Bezugszeit von 15 Jahren.

Aus den vorhergehenden Überlegungen lassen sich folgende Schlussfolgerungen ableiten:

– nur bei einer hohen Ausbeute aller Einzelkomponenten lässt sich ein komplexes Mikrosystem mit akzeptabler Ausbeute herstellen

- die Reihenschaltung von Systemen mit begrenzter Zuverlässigkeit wirkt sich drastisch auf die Zuverlässigkeit des Gesamtsystems aus

- eine Parallelschaltung von kritischen Komponenten erhöht die Zuverlässigkeit des Gesamtsystems

1.4 Entwurfsablauf für Mikrosysteme

Der Mikrosystementwurf zeichnet sich durch die hohe Komplexität der miteinander wechselwirkenden Systemkomponenten aus den unterschiedlichen Bereichen der Mikrosystemtechnik aus. Es reicht dabei im allgemeinen nicht aus, die Einzelkomponenten unabhängig voneinander zu optimieren, sondern das System als Ganzes sollte zu höchstmöglicher Leistungsfähigkeit entwickelt werden.

Weil kaum eine Einzelperson das nötige Wissen aus allen geforderten Teilgebieten aufweist, ist Teamarbeit bei der Entwicklung von Mikrosystemen gefordert. Unter den Aspekten Entwicklungskosten, Produktionskosten, Systemleistungsfähigkeit und Terminplanung muss ein Optimum gefunden werden. Dies lässt sich nur unter Anwendung eines strukturierten Entwurfsablaufs erreichen.

Eine übliche Methode zur Systementwicklung ist das „Trial-and-Error"-Verfahren („Versuch-und-Irrtum") aus der Mechatronik. Dieses Verfahren sieht folgenden Verlauf vor:

- Definition der Aufgabenstellung
- Funktionsmustererstellung der Teilkomponenten
- Prototyp des Systems
- Vorserie
- Serienfertigung

Dieser Ablauf hat sich allerdings für Mikrosysteme als ungeeignet erwiesen, denn der Zeitaufwand und die Kosten für die Herstellung der Muster sind extrem hoch. Außerdem erfordern die Überprüfung der vollständigen Systemfunktion und die Qualitätssicherung eine sehr kostspielige und aufwändige Messtechnik.

Die übliche Vorgehensweise zur Entwicklung von Mikrosystemen veranschaulicht Bild 1.5. Den Kern dieser Methode bilden die Modellierung sowie die Simulation, wobei stets die Erfüllung der Anforderungen des Anwenders im Vordergrund stehen. Es wird versucht, über eine physikalische Modellbildung (Blockschaltbild, Feder-Masse-System, elektrisches Netzwerk) eine mathematische Beschreibung (Abstraktes Netzwerk, Graph, Differentialgleichungssystem) zur Simulation des technischen Systems zu gelangen. Mit Hilfe des Zeitverhaltens und des Frequenzganges können dann Wertetabellen und Kennlinien erstellt werden, um das System zu verifizieren und anhand der Vorgaben zu realisieren.

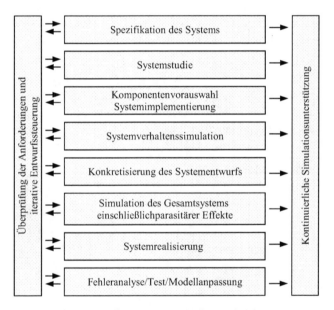

Bild 1.5: Entwurfsablauf in der Mikrosystemtechnik (nach /4/)

Die Voraussetzung zur Entwicklung eines Mikrosystems ist eine Menge von Spezifikationen, die das System erfüllen muss. Diese kann im weiteren Verlauf ergänzt oder vervollständigt werden, allerdings sollte kein Widerruf von grundlegenden Systemmerkmalen erfolgen.

Während der Systemstudie erfolgt die Aufteilung in Funktionsblöcke unter Berücksichtigung fertigungstechnischer Möglichkeiten. Es entsteht ein Blockschaltbild entsprechend der Systemstruktur; dies erlaubt eine Definition der erforderlichen Komponenten. Daran schließt sich eine erste Systemsimulation mit aus Datenblättern bekannten Kenngrößen an, die eine Überprüfung des Anforderungsprofils an das Mikrosystem unter idealen Bedingungen ermöglicht.

Anschließend werden bekannte Nichtidealitäten der bereits spezifizierten Einzelkomponenten erfasst und in der Simulation berücksichtigt. Insbesondere Querempfindlichkeiten durch Kopplung der Komponenten liefern Aussagen über die spätere Systemfunktionalität.

Während der Konkretisierung werden die fehlenden Systemkomponenten entworfen, deren Nichtidealitäten erfasst und in der Simulation eingebaut. Es schließt sich die Gesamtsimulation des Systems an, die den Anforderungskatalog bestätigen oder aber erforderliche Änderungen im Entwurf aufdecken wird.

Mit den Ergebnissen des durch die Systemsimulation bestätigten Entwurfs erfolgt die Herstellung der Prototypen. Dabei sollten keine technologischen Unverträglichkeiten mehr auftreten, denn diese müssen durch die Simulationen bereits aufgezeigt und herausgefiltert worden sein.

Der Test der Prototypen ermöglicht mit der Parametererfassung eine Verbesserung der verwendeten Simulationsmodelle und einen Vergleich mit dem Anforderungsprofil des Anwenders. Danach fällt die Entscheidung über die Produktionsaufnahme oder ein Re-Design des Entwurfs.

Besondere Anforderungen stellt die Modellbildung und Modell-koppelung zur Simulation der Einzelkomponenten bei den im Systemverbund auftretenden variablen Belastungen. Querempfind-lichkeiten, kapazitive Belastungen, thermische Einflüsse oder elektromagnetische Einstreuungen verkomplizieren die Modellbildung erheblich und erschweren die Ergebnisinterpretation. Zudem müssen auch heute noch lange Rechenzeiten für die Analyse eines vollständigen Systems in Kauf genommen werden.

Die Entwicklungen der Entwurfswerkzeuge der Mikrosystemtechnik gehen weit über die üblichen Programme der Mikroelektronik hinaus, da die Simulationswerkzeuge in der Lage sein müssen, ein komplexes Mikrosystem aus einer Vielzahl funktionaler Komponenten nachzubilden. Es wird zum Beispiel verlangt, eine dreidimensionale Strukturierung von Silizium durch einen anisotropen Ätzprozess zu modellieren. Diese Simulatoren reichen von der Ebene der physikalischen Effekte, auf denen die einzelnen Funktionselemente basieren, bis hin zur Signal- und Informationsverarbeitung und zur Kommunikation des Mikrosystems mit der Umgebung.

Der Entwurf von Mikrosystemen weist noch weitere Probleme auf, da dreidimensionale Strukturen aus zweidimensionalen Layouts, die keinerlei Tiefeninformation enthalten, generiert werden. Des Weiteren stehen bisher nur wenige Designregeln als Standard zur Verfügung, sodass die Entwürfe nicht funktionssicher sind.

2 Prozesstechnik

2.1 Substratmaterialien

Ausgangsmaterialien für Mikrosysteme sind neben dem Element Silizium, das in der Mikroelektronik das bedeutendste Basismaterial für Halbleiterbauelemente und integrierte Schaltungen ist, verschiedene Gläser, Keramiken und Kunststoffe. Dabei erfolgt die jeweilige Auswahl des Substrats anhand der geforderten Eigenschaften des geplanten Systems. Werden Elastizität und hohe Bruchfestigkeit gewünscht, eignet sich Silizium wegen seiner mechanischen Eigenschaften besonders gut. Gläser zeichnen sich durch geringe Wärmeleitfähigkeit aus, Keramiken auf Aluminiumbasis verbinden gute thermische Leitfähigkeiten mit hervorragenden elektrischen Isolationswerten. Kunststoffe sind für kostengünstige Produkte mit geringen thermischen und elastischen Anforderungen hervorragend geeignet.

Tabelle 2.1 fasst einige thermische und mechanische Eigenschaften der gebräuchlichsten Materialien der Mikrosystemtechnik zusammen.

Tabelle 2.1: Materialdaten üblicher Substratmaterialien /5/

	Schmelz-punkt [°C]	Thermische Leitfähig-keit [W/mK]	Therm. Expansions-koeffizient $[10^{-6}\,m^{-1}]$	Elastizi-tätsmodul $[10^9\,Nm^{-2}]$	Poisson-zahl	Elastizitäts-grenze $[Nm^{-2}]$	Dielek-trizitäts-konstan-te
Si	1412	150	2,4-4,6	150	0,28	$4 \cdot 10^8$	11,9
SiO_2	1705	1,5	0,4	70	0,14	$67 \cdot 10^6$	3,9
Si_3N_4	1902	18	2,7	300	0,26	$6 \cdot 10^8$	7,5
Al	660	230	23	70	0,33	$40 \cdot 10^6$	
Al_2O_3	2050	22-35	4,4-7,1	350	0,23	$3,8 \cdot 10^8$	9,5
AlN	2227	150-270	03.04.04	310		$3 \cdot 10^8$	10
Diamant		1200-2000	1,2-2,3	1000	0,17	$12 \cdot 10^9$	5,5
Polyimid	--	0,24	20-50	3...5	0,41	$2,5 \cdot 10^6$	2,7...3,9

Durch die sich ab 1970 entwickelnde Technologie der Mikromechanik
erlangte die Verbindung aus mechanischen und elektronischen Komponenten erstmalig an Bedeutung. Im Vordergrund standen Sensoren mit
monolithisch integrierten Verstärkern, die aus einkristallinem Silizium
hergestellt wurden und heute als erste mikrosystemtechnische
Bauelemente gelten.

Die Herstellung der Mikrosysteme nutzt als Integrationstechnik die
Prozesse der Halbleitertechnologie, ergänzt um spezielle Verfahren der
Mikromechanik. Im Folgenden werden die wichtigsten Prozesse aus der
Mikroelektronik kurz erläutert.

2.2 Verfahren der Halbleiterprozesstechnik

Zur Bearbeitung der ursprünglich homogenen Substratmaterialien ist eine
lokale Veränderung der Oberfläche notwendig. Dies lässt sich relativ
einfach über die Fotolithografie als Strukturierungsverfahren der
Planartechnik erreichen (Bild 2.1).

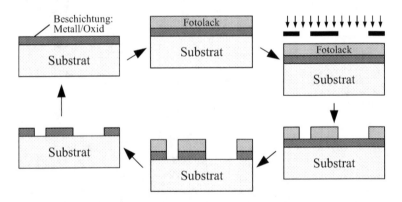

Bild 2.1: Ablauf der Planartechnik zur lokalen Oberflächenveränderung mit Hilfe
der Fotolithografie

Dazu wird die zu verändernde Substratoberfläche über Schleuderbeschichtung mit UV-strahlungsempfindlichem Fotolack beschichtet.

Anschließend erfolgt die Belichtung des Lackes über eine Maske mit Licht im Wellenlängenbereich unterhalb von 400 nm. Die verwendete Maske besteht aus einer Quarzplatte, die im Bereich der gewünschten Strukturen zur Lichtabschattung mit Chrom beschichtet ist.

Nach dem Belichten wird der Fotolack in einer alkalischen Lösung entwickelt, sodass die Substratoberfläche lokal freiliegt. An diesen offenen Stellen kann nun gezielt durch Dotieren oder Ätzen auf das Substrat eingewirkt werden, während der Fotolack die anderen Oberflächenbereiche vor diesem flächigen Bearbeitungsschritt schützt.

Die Planartechnik stammt aus der Silizium-Halbleitertechnologie zur Integration mikroelektronischer Schaltungen. Sie lässt sich bis auf wenige Ausnahmen auf viele andere Substratmaterialien übertragen.

2.2.1 Fotolithografie

Fotolithografische Verfahren ermöglichen die Herstellung sehr feiner und extrem genau definierter Lackstrukturen als lokale Maskierung auf der Substratoberfläche. Dabei werden Auflösungen bis weit unterhalb von einem Mikrometer Linienweite erzielt. Die Lackdicken reichen von einigen 100 nm in der Mikroelektronik bis zu einigen 100 µm Dicke in der galvanischen Abformtechnik.

Die verwendeten Fotolacke müssen in der Mikrosystemtechnik zahlreichen Ansprüchen genügen:

- gute Haftung auf dem Untergrund
- hohe Lichtempfindlichkeit
- möglichst hohe thermische Belastbarkeit
- chemische Resistenz gegenüber Säuren und Laugen
- rückstandsfreie Entfernbarkeit von der Oberfläche
- Resistenz gegenüber Plasma- und Ionenstrahlbehandlungen
- Eignung zur galvanischen Auffüllung der Lackzwischenräume

Die Fotolacke lassen sich entsprechend ihrer Reaktion auf die UV-Bestrahlung in zwei Gruppen einteilen: Bei der Verwendung von Positivlacken werden die bestrahlten Bereiche durch die Entwicklerlösung entfernt, im Falle eines Negativlackes bleiben die belichteten Bereiche auf der Oberfläche des Substrates zurück, d.h. die unbestrahlten Teile lösen sich im Entwickler.

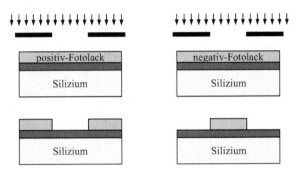

Bild 2.2: links: Positiv- und rechts: Negativlacktechnik zur Maskierung

Um die Komponenten eines Mikrosystems, z.b. eine mikroelektronische Schaltung zu realisieren, werden mehrere unterschiedliche Maskenebenen benötigt, die jeweils einen Teil der Scheibenoberfläche mit Fotolack während der Ätzschritte oder der Dotierung abschatten. Dabei müssen Ungenauigkeiten bei der Justierung der Masken zueinander berücksichtigt werden, die unter anderem auch für den erreichbaren Integrationsgrad mitverantwortlich sind.

Das Aufbringen des Fotolackes erfolgt über eine Schleuderbeschichtung, bei der einige Milliliter Lack auf das Substrat gespritzt werden, die mit einer Drehzahl von z. B. 3000 U/min rotiert. Aufgrund der Rotation verteilt sich der Lack über die Scheibenoberfläche, die Dicke der Schicht wird dabei im Wesentlichen von der Viskosität und der Drehzahl bestimmt.

Die Verfahren zur Übertragung einer Maskenvorlage in eine Lackschicht lassen sich in Kontakt- und Abstandsbelichtungsverfahren unterteilen. Während die Kontaktbelichtung im Forschungsbereich von Bedeutung ist, nutzt die Industrie nahezu ausschließlich Abstandsbelichtungsverfahren. Dabei weist die verkleinernde Projektionsbelichtung zurzeit die größte Verbreitung auf, denn sie bietet mit den modernsten optischen Anlagen Auflösungen von Linienweiten im Bereich um ca. 90 nm.

2.2.1.1 Kontaktbelichtung

Die Kontaktbelichtung nutzt als Belichtungsvorlage eine Maske aus Quarzglas mit einer Chrom-Beschichtung im Maßstab 1:1 für sämtliche abzubildenden Strukturen einer Ebene. Zur Übertragung der Muster wird das mit Fotolack beschichtete Substrat in direkten Kontakt mit der Chromseite der Fotomaske gebracht und mit UV-Licht bestrahlt.

Bei der Vakuumkontaktbelichtung drückt eine Halterung, Chuck genannt, das Substrat mit Überdruck gegen die Maske. Um eine weitere Verbesserung der Auflösung zu erzielen, saugt ein unterhalb der Maske angelegtes Vakuum das Substrat an die Quarzplatte an und sorgt damit für einen minimalen Abstand zur Chrommaske. Erst dann erfolgt die Belichtung mit einer exakt kontrollierten Strahlungsleistung.

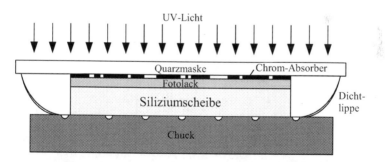

Bild 2.3: Belichtungsverfahren mit Vakuumkontakt zwischen Maske und der Lackschicht auf dem Substrat

Die erreichbare Auflösung im Bereich um 0,8 μm wird durch Beugungseffekte an den Strukturkanten begrenzt. Durch Verringerung der Lichtwellenlänge auf 248 nm lassen sich in sehr dünnen Lackfilmen auch Linien mit ca. 0,4 μm Weite generieren, allerdings nur auf planaren Substratoberflächen.

Da alle Chips auf dem Substrat gleichzeitig belichtet werden, entsteht ein hoher Waferdurchsatz. Jedoch führt der intensive Kontakt von Maske und Lackschicht auf dem Substrat zu erheblichen Nachteilen:

- der direkte Kontakt mit der Lackoberfläche verschmutzt die Fotomaske relativ schnell,
- eventuell vorhandene Partikel zwischen Fotolack und Maske vermindert sich die Abbildungsqualität,
- Partikel können Kratzer auf der Fotomaske erzeugen.

Trotz der zuvor genannten Nachteile zählt die Vakuumkontaktbelichtung im Forschungsbereich zu den wichtigsten Lithografieverfahren, weil sie eine hohe Auflösung bei vergleichsweise geringen Anlagekosten bietet.

2.2.1.2 Abstandsbelichtung

Bei der Abstandsbelichtung berührt das Substrat die Maske nicht, folglich kann keine Verschmutzung der Maske durch den Fotolack entstehen. Das Substrat wird auf einen exakt definierten Abstand von etwa 15-30 µm an die Maske angenähert, dann erfolgt die Belichtung mit UV-Licht.

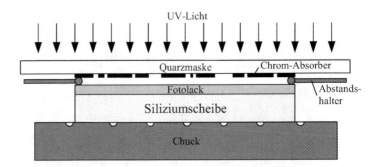

Bild 2.4: Proximitybelichtung zur Verringerung der Defektdichte bei der Strukturübertragung zu Lasten der Auflösung

Nachteilig ist die reduzierte Auflösung durch Beugungseffekte an den Chromkanten der Maske, es sind nur Strukturen von minimal ca. 3 μm Weite möglich. Wegen der 1:1-Komplettbelichtung ist aber ein hoher Durchsatz vorhanden.

2.2.1.3 Projektionsbelichtung

Bei der Projektionsbelichtung besteht eine vollständige räumliche Trennung von Maske und Substrat. Die Strukturen werden über ein optisches System aus Linsen, Spiegeln und Blenden abgebildet, wobei der Übertragungsmaßstab 1:1 oder reduzierend sein kann. Durch eine verkleinernde Projektion der Maskenstrukturen steigt die Auflösung des Systems, denn die Maskenungenauigkeiten reduzieren sich entsprechend des Abbildungsmaßstabes.

Die Auflösung der Projektionsverfahren wird durch die numerische Apertur (NA), die Wellenlänge und den Kohärenzgrad des Lichtes bestimmt. Für den kleinsten auflösbaren Abstand gilt:

$$a = k_1 \frac{\lambda}{NA} \tag{2.1}$$

Für die Tiefenschärfe DOF (**D**epth **O**f **F**ocus) gilt:

$$DOF = \pm k_2 \frac{\lambda}{NA} \tag{2.2}$$

Aufgrund der Lackdicke und Fokuslage muss die Tiefenschärfe mindestens ±1 μ*m* betragen. Die Faktoren k_1 und k_2 berücksichtigen den Kohärenzgrad des Lichtes, sowie das Auflösungskriterium.

Ein weit verbreitetes Projektionsverfahren stellt das „Step- and Repeat"-Verfahren dar. Bei diesem Belichtungsverfahren wird der Wafer Chip für Chip zur Maske justiert, wobei anschließend die Belichtung des Fotolackes erfolgt. Lokale Justierfehler durch Temperaturunterschiede oder Verzug des Substrates lassen sich so minimieren. Dies ist auch ein Grund dafür, dass die ganzflächigen 1:1-Projektionsbelichtungsverfahren heute seltener zum Einsatz kommen, da bei diesen keine thermische Koppelung zwischen Maske und Substrat besteht und folglich unterschiedliche Ausdehnungen bei Temperaturschwankungen entstehen.

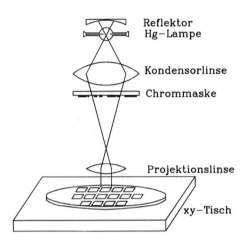

Bild 2.5: Step- und Repeat-Verfahren zur schrittweisen Projektionsbelichtung

Obwohl das „Step- and Repeat"-Verfahren ein serielles Verfahren darstellt und dadurch der Belichtungs- bzw. Justierprozess sehr zeitaufwendig ist, können moderne Waferstepper ca. 50 Wafer mit einem Durchmesser von 200 mm pro Stunde belichten. Der Durchsatz ist durch Positionieren und Justieren begrenzt. Bei einer Step- und Repeat-Belichtung im Maßstab 1:1 reduzieren sich die Maskenkosten, da auf einer Maske mehrere Design-Ebenen untergebracht werden können.

2.2.1.4 Weitere Belichtungsverfahren

Neben den hochentwickelten optischen Verfahren stehen aus der Mikroelektronik weitere Verfahren zur Strukturierung des Fotolackes zur Verfügung. Die Elektronenstrahllithografie nutzt einen fein fokussierten Elektronenstrahl zur Belichtung eines speziellen Lackes. Die erreichbare Auflösung liegt bei weniger als 20 nm Linienweite, allerdings beträgt die

Schreibzeit zur Belichtung eines einzigen Substrates bei dieser Auflösung einige Stunden.

Das Verfahren zeichnet sich durch hohe Flexibilität in den Strukturinhalten aus, denn es benötigt keine Masken. Der Elektronenstrahl wird per Datenstrom vom Computer gesteuert zeilenweise über das Substrat gescannt bzw. im Vektorverfahren abgelenkt.

Auch die Direktbelichtung des Fotolackes mit fokussierten Laserstrahlen bietet eine hohe Flexibilität, jedoch erfordert das serielle Schreiben der Strukturen einen erheblichen Zeitaufwand.

2.2.2 Oberflächenbeschichtung

Die aus der Halbleiterprozesstechnik bekannten gebräuchlichen Verfahren zur Oberflächenbeschichtung sind die Epitaxie, die thermische Oxidation und die Abscheideverfahren. Je nach Substrat ist die Nutzbarkeit der Verfahren in der Mikrosystemtechnik aber stark eingeschränkt. Insbesondere die thermische Belastbarkeit und das chemische Verhalten des Materials stellen entscheidende Kriterien dar.

So sind Epitaxie und Oxidation im allgemeinen nur auf Halbleitersubstraten einsetzbar. Die Depositionstechniken eignen sich dagegen auch für Quarz, Keramiken oder teilweise sogar für Kunststoffsubstrate.

Depositionsverfahren lassen sich in chemische und physikalische Techniken einteilen. Die chemische Abscheidung aus der Gasphase (CVD, Chemical Vapor Deposition) lässt sich im Gegensatz zur thermischen Oxidation auch auf keramischen Substratmaterialien zur Schichtherstellung nutzen. Dabei werden die einzelnen Komponenten der abzuscheidenden Schicht als gasförmige Verbindung in eine Reaktionskammer geleitet und dort durch thermische bzw. thermische und elektrische Anregung zersetzt. Je nach Druck und Anregung wird zwischen Atmosphärendruck-CVD, Unterdruck-CVD und Plasma-unterstütztes CVD unterschieden.

Die physikalischen Beschichtungsverfahren (PVD, Physical Vapor Deposition) lassen sich in Bedampfung und Kathodenstrahlzerstäubung unterteilen. Dabei lagern sich aus einem Festkörpertarget heraus gelöste Teilchen an der Substratoberfläche an. Auch die Schleuderbeschichtung ist ein physikalisches Verfahren, das insbesondere für Lacke, Polyimide, Flüssiggläser oder andere gelöste Feststoffe Anwendung findet.

2.2.2.1 Epitaxie

Der Begriff Epitaxie bezeichnet in der Halbleitertechnologie das Aufwachsen einer kristallinen Schicht, die sich in eindeutiger Weise entsprechend der einkristallinen Unterlage atomar anordnet. Besteht die Unterlage aus dem gleichen Material wie die abgeschiedene Schicht, so handelt es sich um eine Homoepitaxie, in allen anderen Fällen findet eine Heteroepitaxie statt.

Bei der Siliziumepitaxie handelt es sich um das einkristalline Aufwachsen einer Siliziumschicht mit der durch das Siliziumsubstrat vorgegebenen Kristallorientierung. Um ein fehlerfreies einkristallines Wachstum zu ermöglichen, ist eine absolut reine, oxidfreie Substrat-oberfläche als Vorlage erforderlich.

Als Prozessgase wird vornehmlich $SiCl_4$ (Siliziumtetrachlorid) in Verbindung mit reinem Wasserstoff eingesetzt. In einem Hochtemperaturschritt bei 900 - 1250°C zersetzt sich das Gas und spaltet Silizium ab. Auf der Scheibenoberfläche lagern sich die Atome zufällig verteilt an verschiedenen Stellen an und bilden Kristallisationskeime, an denen das weitere Schichtwachstum in lateraler Richtung bis zum vollständigen Auffüllen einer Ebene stattfindet.

Die Reaktion in der $SiCl_4$-Epitaxie verläuft in zwei Stufen mit Wasser-stoff als Reaktionspartner. Bei 1200°C spaltet das $SiCl_4$ zunächst zwei Chloratome ab, die mit dem Wasserstoff aus der Reaktionsatmosphäre Chlorwasserstoff bilden:

$$SiCl_4 + H_2 \overset{1200°C}{\Longleftrightarrow} SiCl_2 + 2\ HCl \qquad (2.3)$$

Das $SiCl_2$ verbindet sich unter Abgabe von elementarem Silizium, das sich epitaktisch an der Kristalloberfläche anlagert, wieder zu $SiCl_4$ entsprechend der Gleichung:

$$2 \, SiCl_2 \xleftrightarrow{1200°C} Si + SiCl_4 \qquad (2.4)$$

Die Richtung der Reaktionen nach den Gleichungen (2.3) und (2.4) ist durch das Mischungsverhältnis Wasserstoff zu SiCl₄ für die jeweilige Prozesstemperatur festgelegt. Bei hoher SiCl₄-Zufuhr, d. h. geringer Wasserstoffkonzentration, wird die Kristalloberfläche - wie im Trichlor-silanprozess zur Reinigung des Siliziums - infolge der entstehenden hohen Salzsäurekonzentration abgetragen; erst bei hinreichender Verdünnung des SiCl₄ findet ein Schichtwachstum statt.

Um polykristallines Wachstum zu vermeiden, muss die Zersetzungsrate des Gases geringer als die maximale Anbaurate für Silizium an der Kristalloberfläche sein. Folglich muss die Zusammensetzung des Gasgemisches im Reaktionsraum der gewählten Prozesstemperatur angepasst sein. Typische Wachstumsraten der SiCl₄-Epitaxie liegen für einkristallines Silizium im Bereich um 1 - 2 µm/min.

Zur Dotierung der aufwachsenden Epitaxieschichten werden Dotiergase wie B_2H_6 (Diboran), AsH_3 (Arsin) oder PH_3 (Phosphin) zugegeben. Sie zersetzen sich bei der hohen Prozesstemperatur, und der jeweilige Dotierstoff wird in das Kristallgitter eingebaut.

2.2.2.2 Thermische Oxidation

In der Siliziumtechnologie lassen sich Oxidschichten sehr einfach und reproduzierbar durch eine thermische Oxidation herstellen. Dabei befinden sich die Silizium-Wafer in einem auf Temperaturen von 800°C bis 1200°C aufgeheizten Quarzrohr, welches mit O_2 (trockene Oxidation) oder mit H_2O in Form von Wasserdampf (nasse Oxidation) durchströmt wird.

Dabei reagiert der Sauerstoff an der Scheibenoberfläche mit dem Silizium aus dem Substrat zu Siliziumdioxid:

$$Si + O_2 \rightarrow SiO_2 \qquad (2.5)$$

Die thermische Oxidation verbraucht folglich Silizium aus dem Substrat, sodass die entstehende Oxidschicht teilweise in den Kristall hinein wächst. Das Volumen des entstehenden Oxides ist um ca. 55% größer als das des eingebauten Siliziums.

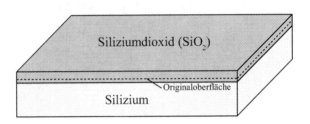

Bild 2.6: Verschiebung der Grenzfläche Oxid/Silizium durch thermisches Aufwachsen von SiO₂

Die trockene Oxidation wird typischerweise bei einer Temperatur von 1000°C bis 1200°C durchgeführt. Die Reaktion läuft in einer reinen Sauerstoffatmosphäre ab. Die Reaktionsgeschwindigkeit ist jedoch sehr gering (geringe Oxidationsrate), der Oxidfilm weist aber eine hohe Durchbruchspannung und eine hohe Dichte auf.

Diese Art der Oxidation findet trotz des geringen Oxidwachstums ihre Anwendung bei elektrisch stark beanspruchten Oxiden, z.B. für das Gateoxid in MOS-Transistoren.

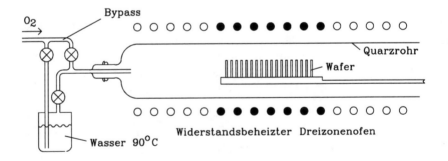

Bild 2.7: Widerstandsbeheizter Dreizonenofen für trockene und feuchte thermische Oxidationen von Siliziumscheiben

Die nasse Oxidation läuft in der Regel bei einer Temperatur zwischen 900°C bis 1100°C ab. Der Sauerstoff durchströmt ein so genanntes „Bubbler"-Gefäß (eine Waschflasche). Diese Waschflasche ist mit Wasser von einer Temperatur zwischen 90°C bis 95°C gefüllt. Die Reaktionsgleichung der nassen Oxidation lautet:

$$Si + 2OH \xrightarrow{\quad 900°C \quad} SiO_2 + H_2 \qquad (2.6)$$

Es zeigt sich, dass die nasse Oxidation schon bei geringen Temperaturen hohe Oxidationsraten aufweist und sich dementsprechend für das Auftragen von dicken Oxidschichten eignet. Jedoch weist dieses Oxidationsverfahren eine hohe Ladungsdichte an der Grenzfläche zum Silizium bei verminderter elektrischer Stabilität auf. Das hohe Oxidwachstum sowie die geringere Dichte sind ein Resultat der im Vergleich zum reinen Sauerstoff erhöhten OH⁻-Diffusion zur Siliziumdioxid/Silizium-Grenzfläche.

Um eine möglichst homogene Temperaturverteilung im Quarzrohr für ein gleichmäßiges Oxidwachstum zu erhalten, wird das Rohr mittels einer 3- oder 5-Zonen-Heizung erhitzt. Die entstehenden Schichten sind dann homogen und weisen eine hohe elektrische Stabilität auf.

Thermisch aufgewachsene Oxide lassen sich in elektrisch aktive oder passive Oxidschichten unterteilen. Elektrisch aktive Oxide stammen aus der MOS-Technik und nehmen folgende Aufgaben war:

1. Feldoxid zur Erhöhung der Feldschwellenspannung

2. Gateoxid als elektrisch stark beanspruchtes Dielektrikum

3. Tunneloxid für nichtflüchtige Speichertransistoren

4. Kondensatoroxid als Dielektrikum

5. Zwischenoxid zur Trennung von Metall und Polysilizium

6. Intermetall-Dielektrikum

Als passive Oxide sind aus der Mikroelektronik die folgenden Schichten bekannt:

1. Wannenoxid zur Verankerung von Justiermarken

2. Maskieroxid als Barriere zur Dotierstoffdiffusion

3. Schutzoxid als Oberflächenschutz

In der Mikrosystemtechnik kommen weitere passive Aufgaben für thermisch gewachsene Oxide hinzu:

1. Opferschicht

2. Lichtwellenleiter

2.2.2.3 CVD-Verfahren

CVD-Verfahren (Chemical Vapor Deposition) werden zur Herstellung von dielektrischen Schichten als Maskierung oder elektrische Isolation sowie polykristallinen Siliziumfilmen für Leiterbahnen und Gateelektroden eingesetzt. Aus gasförmigen Verbindungen, die sich z. B. durch thermische Anregung zersetzen, entstehen ein fester Anteil, der sich als Film auf dem Substrat niederschlägt, und ein flüchtiger Teil, der die Anlage verlässt.

Unterteilen lassen sich die CVD-Verfahren bezüglich des Druckes (Atmosphären- und Unterdruck) und der Energiezufuhr (Plasma-CVD); dabei wirken sich die Prozessbedingungen wie Gasdurchsatz, Temperatur und Druck besonders auf die Dichte der resultierenden Filme sowie auf die Konformität der Abscheidung aus.

Bei der reaktionsbegrenzten Abscheidung steht an der Substratoberfläche stets genügend Gas zur Zersetzung zur Verfügung, allein die Reaktions-geschwindigkeit begrenzt die Abscheiderate. Dagegen bestimmt im diffusionsbegrenzten Prozess die Zufuhr unverbrauchten Gases die Abscheiderate. Die Zersetzung bewirkt eine Verarmung des Gasstroms an reaktionsfähigen Molekülen und führt zu inhomogenen Abschei-dungen. Folglich sind reaktionsbegrenzte Prozessbedingungen für eine gleichmäßige Schichtabscheidung zu bevorzugen.

Der Grad der Konformität K ist das Verhältnis von der vertikalen Schichtabscheidung zur horizontalen Schichtabscheidung.

$$K = \frac{R_{vert.}}{R_{hor.}} \qquad (2.7)$$

Zur Verdeutlichung der Konformität zeigt die folgende Abbildung einige Profilformen der Abscheidung.

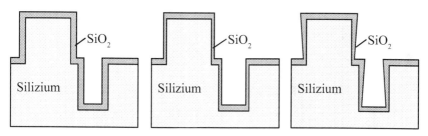

Bild 2.8: Profilformen der Abscheidung von a) konform, b) K=0,5 und c) ungleichmäßig vertikaler Beschichtung.

APCVD-Verfahren (Atmospheric-Pressure-CVD)

Das APCVD - Verfahren dient zur Herstellung von dotierten und undotierten Siliziumdioxiden im Strömungsverfahren bei Atmosphärendruck. Als Quellgase für die Oxiddeposition dienen Silan und Sauerstoff, die sich infolge thermischer Anregung zersetzen und entsprechend der folgenden Reaktionsgleichungen verbinden:

$$SiH_4 + 2O_2 \xrightarrow{\ ca.400^\circ C\ } SiO_2 + 2H_2O \qquad (2.8)$$

$$SiH_4 + O_2 \xrightarrow{\ ca.400^\circ C\ } SiO_2 + 2H_2 \qquad (2.9)$$

Es entsteht ein relativ poröses, elektrisch instabiles Oxid. Die erreichbare Wachstumsgeschwindigkeit ist mit ca. 100 nm/min hoch, jedoch wird nur eine sehr niedrige Konformität erzielt, weil aufgrund der niedrigen Depositionstemperatur die Oberflächendiffusion der sich anlagernden Moleküle recht gering ist. Diese lässt sich durch Zugabe von ca. 3-8 % Ozon (O_3) erhöhen, wodurch eine Verbesserung der Konformität der Abscheidung erzielt wird.

Durch Zugabe von Diboran und Phosphin wird eine Verringerung des Schmelzpunktes herbeigeführt. Sinnvoll lassen sich 4-8 % Phosphor und 2-6 % Bor in das Oxid einbauen, sodass die dotierten Oxidschichten bereits bei ca. 900°C verfließen.

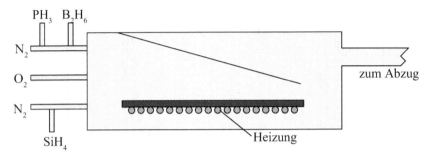

Bild 2.9: Apparatur zur APCVD-Abscheidung von undotierten und dotierten Siliziumdioxidschichten bei ca. 425°C

Aufgrund der geringen freien Weglänge der Moleküle im Reaktor findet eine Wechselwirkung der Teilchen statt, die zur Partikelbildung in der Gasphase führen kann. Zur Vermeidung dieser Verunreinigungen sowie zur Unterbindung der Explosionsgefahr werden die Gase nur stark verdünnt zugeführt.

LPCVD-Verfahren (Low-Pressure-CVD)

Das LPCVD-Verfahren nutzt eine thermische Anregung zur Zersetzung der Quellgase. Die Druckreduktion im Rezipienten führt zu einer Steigerung der mittleren freien Weglänge der Moleküle, sodass keine Gasphasenreaktion stattfinden kann.

Das Verfahren eignen sich besonders zur Abscheidung von Siliziumdioxid (SiO_2), Siliziumoxinitrid (SiON), Siliziumnitrid (Si_3N_4), Polysilizium, Wolfram und Titan. Die Prozesstemperatur bestimmt im Wesentlichen die Abscheiderate, da sie die Aktivierungsenergie zur Gaszersetzung darstellt. Dies bedeutet, dass bei geringer Temperatur mehr reaktionsfähige Moleküle im Gasstrom enthalten sind als an der

Scheibenoberfläche absorbiert werden können. Dementsprechend ist die Abscheiderate reaktionsbegrenzt.

Bei wachsender Temperatur ist die Abscheiderate diffusionsbegrenzt, d.h. der Zersetzungsgrad an der Scheibenoberfläche nimmt zu, bis nicht mehr genügend Gas zu Verfügung steht. Da aufgrund der Verarmung des Gases an reaktionsfähigen Molekülen die Homogenität der Abscheidung abnimmt, ist für eine gleichmäßige Beschichtung ein reaktionsbegrenzter Prozess erforderlich. Die Prozesstemperaturen der LPCVD-Verfahren variieren in Abhängigkeit der abzuscheidenden Schicht und der verwendeten Quellgase. Der Temperaturbereich liegt ca. bei 400°C bis 900°C.

Siliziumnitrid: $$4NH_3 + 3SiH_2Cl_2 \xrightarrow{\quad 800°C \quad} Si_3N_4 + 6HCl + 6H_2 \quad (2.10)$$

Siliziumoxinitrid: $$NH_3 + SiH_2CL_2 + N_2O \xrightarrow{\quad 900°C \quad} SiON + ... \quad (2.11)$$

Siliziumdioxid: $$SiO_4C_8H_{20} \xrightarrow{\quad 725°C \quad} SiO_2 + ... \quad (2.12)$$

$$SiH_2Cl_2 + 2N_2O \xrightarrow{\quad 900°C \quad} SiO_2 + ... \quad (2.13)$$

Polysilizium: $$SiH_4 \xrightarrow{\quad 625°C \quad} Si + 2H_2 \quad (2.14)$$

Wolfram: $$WF_6 + 3H_2 \xrightarrow{\quad 400°C \quad} W + 6HF \quad (2.15)$$

Die Anlage zur LPCVD-Abscheidung ist der thermischen Oxidation vom Aufbau her sehr ähnlich. Die Substrate befinden sich in einer evakuierten Quarzglaskammer auf einem Träger und werden von einem Gas bzw. einer Mischung aus mehreren Gasen überströmt. Der Druck im Rezipienten beträgt dabei ca. 1 - 100 Pa.

Der wesentliche Unterschied zur thermischen Oxidation liegt darin, dass die aufzubauende Schicht aus der Gasphase unter Zugabe eines siliziumhaltigen Gases entsteht. Folglich ist kein Silizium aus dem Substrat erforderlich, es dient nur als Trägermaterial zur Anlagerung der Atome bzw. Moleküle.

PECVD-Verfahren (Plasma-Enhanced-CVD)

Dieses Verfahren wird eingesetzt, um bei niedrigen Temperaturen empfindliche Oberflächen zu beschichten. Durch das eingekoppelte elektrische Feld kommt das plasmaunterstützte CVD-Verfahren mit geringerer thermischer Energie aus als das LPCVD-Verfahren, da das elektrische Wechselfeld infolge der Gasentladung ebenfalls Energie an das Gas abgibt.

Es lassen sich alle Schichten, die durch LPCVD-Abscheidung hergestellt werden können, auch durch PECVD-Abscheidung bei deutlich geringerer Temperatur herstellen. Üblich ist es, als Siliziumquellgas statt SiH_2Cl_2 zu SiH_4 zu wechseln, weil die Aktivierungsenergie zur Zersetzung von Silan erheblich niedriger ist. Als Apparatur zur Abscheidung dienen Parallelplattenreaktoren in unterschiedlichen Bauweisen. Ein Beispiel zeigt Bild 2.10.

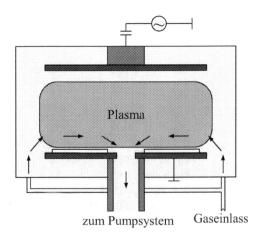

zum Pumpsystem   Gaseinlass

Bild 2.10: Reaktor zur PECVD-Abscheidung von Siliziumdioxid, -Nitrid oder amorphen Siliziumschichten

Tabelle 2.2: Vergleich der CVD-Verfahren:

	APCVD	LPCVD	PECVD
Schichten	dotiertes/undo-tiertes Oxid	- SiO_2 - Si_3N_4 - SiON	- SiO_2 - Si_3N_4 - SiON
Konformität K	gering	0,9 – 0,98	0,5 - 0,8
Wachstumsrate [nm/min]	ca. 100	ca. 5-20	ca. 50-500

Nach der Aktivierung und Ionisation der Gasmoleküle im Plasma werden die Reaktionsstoffe durch die Dunkelzone transportiert und an der Substratoberfläche absorbiert. Es werden sehr hohe Abscheideraten (bis zu 500 nm/min) bei einem Temperaturbereich von etwa 250°C bis 350°C und einer Konformität K=0,5-0,8 erreicht. Zudem werden die Rezipientenwände nicht beschichtet, da nur im Bereich des Plasmas genügend Energie zur Verfügung steht, um das Quellgas zu zersetzen.

2.2.2.4 Aufdampfen

Bei der Bedampfung wird das aufzubringende Material im Hochvakuum über eine Widerstandsheizung oder per Elektronenstrahl erhitzt. Mit steigender Materialtemperatur steigt der Dampfdruck des Materials, d. h. es steigt die Anzahl der Atome, die den Festkörperverband verlassen und sich im Vakuum ausbreiten. Aufgrund des geringen Drucks beträgt die mittlere freie Weglänge der verdampften Teilchen einige Meter, d. h. es finden auf dem Weg von der Verdampfungsquelle bis zu den Substraten keine Stöße und damit keine Richtungsänderungen statt. Die Beschichtung erfolgt also senkrecht zur Oberfläche der Substrate, sodass die Konformität der Bedampfung sehr schlecht ist.

Die Teilchen treffen mit sehr geringer Energie von ca. 0,1 eV auf die Substratoberfläche auf; dies reicht nicht, um den Kristall zu schädigen. Die Wachstumsrate liegt zwischen 0,1 bis 20 nm/s.

Typische Materialien für die Bedampfungstechnik sind unter anderem
Aluminium, Chrom, Kohlenstoff, Titan, Nickel, Kupfer, Gold oder
Silber. Legierungen lassen sich wegen des unterschiedlichen
Dampfdruckes der Komponenten mit der Aufdampftechnik nur in einer
ungenauen Zusammensetzung herstellen.

2.2.2.5 Kathodenstrahlzerstäubung

Die Kathodenstrahlzerstäubung (Sputtern) ist ein Vakuumprozess, der
energiereiche schwere Ionen zum Herausschlagen von Material aus einer
Festkörperquelle, dem Target nutzt. Der Prozess findet bei einem Druck
um 1-10 Pa statt.

Dazu werden Argon- oder Xenon-Ionen über eine Gleichspannung oder
eine Hochfrequenz-Gasentladung auf eine Energie von ca. 0,5-2 kV
beschleunigt und auf das Target gelenkt. Der Energieübertrag löst mit
einer bestimmten Wahrscheinlichkeit ein Atom oder Molekül aus dem
Target. Das nun freie Molekül gelangt nach mehreren Stößen am Restgas
zu den zu beschichtenden Substraten oder trifft auf die Wände des
Rezipienten. Da hier keine geradlinigen Teilchenwege vorliegen, wird
die Substratoberfläche unter verschiedenen Winkeln getroffen, die
Konformität der Beschichtung ist damit deutlich besser als bei der
Bedampfung.

Typische Materialien der Kathodenstrahlzerstäubung sind Aluminium,
Wolfram, Titan, Gold, Silber, Platin und Kobalt. Auch Legierungen
lassen sich aufsputtern, dabei entspricht die entstehende Schicht
weitgehend der Targetzusammensetzung. Alternativ kann der Argon-
oder Xenon-Atmosphäre ein reaktiver Anteil an Sauerstoff oder
Stickstoff zugegeben werden, um Metalloxide oder -nitride aus einem
metallischen Target zu erzeugen.

Zur Steigerung der Sputterrate werden Magnetronquellen eingesetzt, die
über Magnetfelder die Ionenbahnen beeinflussen und dadurch die Zahl
der Ionenstöße mit dem Target erhöhen. Die Konformität lässt sich durch
Anlegen einer negativen Bias-Spannung an die Substrate verbessern.

2.2.3 Ätzverfahren

In der Mikrosystemtechnik werden vergleichbar zur Halbleitertechnologie die Materialien Siliziumdioxid, Siliziumnitrid, Polysilizium,
Silizium und Aluminium sowie zusätzlich einige spezielle Materialien
- Vanadium- und Wolframoxide in der Sensorik, Polyimide oder Gläser-
geätzt. Die Ätztechnik dient dabei zum ganzflächigen Abtragen eines
Materials oder zum Übertragen der Struktur eines lithografisch erzeugten
Lackmusters in die darunter liegende Schicht. Dazu stehen sowohl
nasschemische Ätzlösungen als auch speziell entwickelte Trockenätzverfahren zur Verfügung.

Grundsätzlich lässt sich zwischen isotrop und anisotrop wirkenden Ätzprozessen unterscheiden (Bild 2.11). Ein isotroper Ätzprozess trägt das
Material in alle Raumrichtungen gleichmäßig ab, er führt zwangsläufig
zur Unterätzung der Maskierung an den Kanten. Bei vollständig anisotropen Ätzprozessen wird das Material nur senkrecht zur Oberfläche
angegriffen, folglich wird das Maß der Ätzmaskierung genau in die
darunter liegende Schicht übertragen.

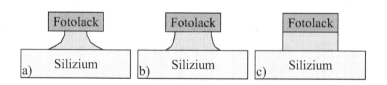

Bild 2.11: Ätzprofile a) für den isotropen Ätzprozess, b) für einen teilweise
anisotropen Ätzprozess und c) für den anisotropen Ätzprozess

Entsprechend lässt sich ein Grad der Anisotropie γ für die
Zwischenprofile definieren:

$$\gamma = 1 - r_l / r_v \qquad (2.16)$$

mit r_l als laterale und r_v als vertikale Ätzrate des angewandten Verfahrens.

Eine weitere wichtige Größe der Ätzprozesse ist die Selektivität S. Sie gibt das Verhältnis des Materialabtrags der zu ätzenden Schicht zur Abtragrate anderer Schichten an.

2.2.3.1 Nasschemisches Ätzen

Das nasschemische Ätzen überführt das feste Material der abzutragenden Schicht in eine flüssige Verbindung unter Anwendung einer sauren oder basischen Lösung. Dieses Ätzverfahren wirkt im Allgemeinen isotrop und bewirkt deshalb eine laterale Unterätzung der Maskierung. Die Selektivität des Ätzvorganges ist bei den meisten Lösungen sehr hoch (> 100 : 1); jedoch lässt sich das Element Silizium nur mit geringer Selektivität zu Siliziumdioxid ätzen.

Nasschemische Ätzlösungen für die Mikrosystemtechnik müssen möglichst den folgenden Anforderungen genügen:

- sie dürfen die Maske, im Speziellen den strukturierten Fotolack, nicht angreifen;

- sie müssen eine hohe Selektivität zwischen den verschiedenen Materialien der Siliziumtechnologie aufweisen;

- es dürfen sich keine gasförmigen Reaktionsprodukte bilden, um lokale Abschattungen durch Blasenbildung an der Scheibenoberfläche zu vermeiden;

- die Reaktionsprodukte müssen zur Vermeidung von Partikeln direkt in Lösung gehen;

- die Ätzrate muss über lange Zeit konstant sein und in einem kontrollierbaren Bereich liegen, um extrem kurze, aber auch sehr lange Prozesszeiten zu vermeiden;

- ein definierter Ätzstopp durch Verdünnung mit Wasser muss möglich sein;

- die Ätzlösungen müssen umweltverträglich und möglichst leicht zu entsorgen sein;

- sie sollten möglichst bei Raumtemperatur wirken, um den apparativen Aufwand gering zu halten.

Bei der Tauchätzung werden die Substrate gleichzeitig in ein Becken mit der Ätzflüssigkeit gegeben. Zur Vermeidung von Partikeln kann die Ätzlösung über eine Umwälzpumpe und einen Filter ständig aufbereitet werden.

Wesentlich für die Reproduzierbarkeit der Ätzung ist die genaue Kenntnis der Ätzrate, also des Materialabtrags je Zeiteinheit, denn nass-chemische Ätzungen sind über die Zeit gesteuerte Prozesse. Deshalb ist für eine exakt kontrollierte Ätzung eine genaue Temperierung der Ätzlösungen notwendig, da mit der Temperatur auch die Ätzrate der meisten Chemikalien zunimmt.

Die Vorteile der Tauchätzung sind die schnelle Parallelverarbeitung der Wafer und der einfache Anlagenaufbau. Ihr Einsatz reicht für viele Anwendungen in der Mikroelektronik aus, obwohl die minimal erreichbare Strukturbreite bei diesem Verfahren durch die laterale Unterätzung der Maskierung begrenzt ist.

Bei der Sprühätzung werden die Substrate in einer Schleudertrommel befestigt und unter stetiger Rotation mit frischer Ätzlösung besprüht. Die Ätzung erfolgt damit besonders gleichmäßig, wodurch eine ausgezeichnete Homogenität über den ganzen Wafer gewährleistet ist.

In der Mikrosystemtechnik stehen für die verschiedenen abzutragenden Schichten jeweils spezielle Ätzlösungen aus der Halbleitertechnologie zur Verfügung, die einerseits eine hohe Selektivität zu anderen Materialien aufweisen, andererseits den Ansprüchen einer partikel- und bläschenfreien Ätzung sowie einer hohen Reproduzierbarkeit genügen.

Siliziumdioxid wird von Flusssäure (HF) angegriffen, die Reaktion verläuft entsprechend der Gleichung

$$SiO_2 + 6\,HF \longrightarrow H_2SiF_6 + 2\,H_2O \qquad (2.17)$$

Um die Ätzrate konstant zu halten, wird die Lösung mit NH_4F gepuffert. Thermisch gewachsenes Siliziumdioxid lässt sich bei einer 2 : 1 : 7-Mischung von NH_4F : HF (49%-tig) : H_2O-Lösung mit ca. 50 nm/min,

TEOS-Oxid mit ca. 150 nm/min und PECVD-Oxid - je nach Dotierung - mit ca. 350 nm/min abtragen. Die Selektivität ist bei Raumtemperatur deutlich größer als 100 : 1 gegenüber kristallinem Silizium, Polysilizium und Siliziumnitrid. Aluminium wird von der Lösung schwach angegriffen.

Siliziumnitrid lässt sich nasschemisch mit heißer konzentrierter Phosphorsäure ätzen, jedoch ist die Selektivität gegenüber SiO_2 mit 10 : 1 recht gering. Bei 156°C beträgt die Ätzrate ca. 10 nm/min LPCVD-Nitrid, für PECVD-Nitrid liegt sie deutlich höher.

Kristallines und polykristallines Silizium lassen sich in Salpetersäure (HNO_3) zunächst oxidieren, das so gebildete SiO_2 kann entsprechend Gleichung (2.17) in Flusssäure abgetragen werden. Folglich ist zum Ätzen des Siliziums eine Mischung aus HF und HNO_3 geeignet, wobei Essigsäure oder Wasser als Verdünnung zugegeben wird. Die Selektivität der Ätzlösung zu Oxid ist durch den HF-Anteil gering, auch Siliziumnitrid wird schnell abgetragen.

$$3\ Si + 4\ HNO_3 \longrightarrow 3\ SiO_2 + 4\ NO + 2\ H_2O \qquad (2.18)$$

$$3\ SiO_2 + 18\ HF \longrightarrow 3\ H_2SiF_6 + 6\ H_2O \qquad (2.19)$$

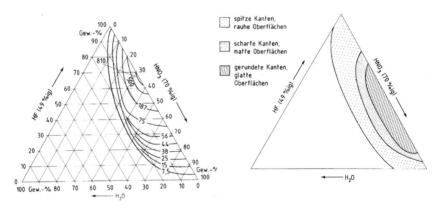

Bild 2.12: Ätzrate in μm/min und erzielte Oberflächenqualität in Abhängigkeit von der Lösungszusammensetzung für die isotrope Siliziumätzung /6/

Die Oberflächenqualität der isotropen Siliziumätzung hängt entscheidend von der Lösungszusammensetzung ab. Bild 2.12 zeigt die Ätzrate und die Rauhigkeit der Oberfläche in Abhängigkeit von der Ätzlösung mit Wasser als Verdünnung.

Aluminium als Verdrahtungsebene wird in der Halbleitertechnologie mit einer Mischung aus Phosphor- und Salpetersäure in Wasser bei ca. 60°C geätzt. Für eine reproduzierbare Ätzrate von ca. 1 μm/min muss bei dieser Lösung die Temperatur konstant gehalten werden. Oxid, Nitrid und Silizium sind weitgehend resistent gegenüber dieser Säuremischung.

Titan und Titannitrid als Materialien für die Halbleiterkontakte werden in NH_4OH mit H_2O_2 und H_2O als Lösung im Verhältnis 1 : 3 : 5 selektiv zu Oxid, Nitrid, Silizium und Titansilizid geätzt. Dabei ist die Standzeit dieser Lösung gering, denn sobald das Wasserstoffperoxid verbraucht ist, greift die Lösung auch kristallines Silizium an.

2.2.3.2 Trockenätzen

Die Trockenätzverfahren ermöglichen gut reproduzierbare, homogene Ätzungen nahezu sämtlicher Materialien der Mikrosystemtechnik mit ausreichender Selektivität zur Maske und zum Untergrund. Sowohl anisotrope als auch isotrope Ätzprofile lassen sich mit sehr geringem Chemikalienverbrauch realisieren. Dabei dient eine Fotolackschicht zur Maskierung der Ätzprozesse. Wegen der strukturgetreuen Übertragung der Fotolackgeometrien in die darunter liegenden Schichten haben sich die Trockenätzverfahren trotz hoher Kosten der Anlagen durchgesetzt und die Nasschemie weitgehend aus der Prozesstechnik verdrängt.

Das Trockenätzverfahren nutzt gasförmige Medien, die durch eine Gasentladung im hochfrequenten Wechselfeld (typ. 13,56 MHz) angeregt werden. Der Prozess findet im Unterdruckbereich von ca. 1 Pa bis 100 Pa statt, so dass die mittlere freie Weglänge der Moleküle zwischen zwei Stößen im Zentimeter- bis Millimeterbereich liegt. Neben dem Druck und der eingespeisten Hochfrequenzleistung ist die Wahl des Reaktionsgases von besonderer Bedeutung für den Materialabtrag.

Bei inerten Gasen übertragen die im elektrischen Feld beschleunigten Ionen ihre Energie auf die zu ätzende Schicht, es findet ein rein

physikalischer Materialabtrag durch Herausschlagen von Atomen bzw.
Molekülen statt. Chemische Bindungen werden vom Reaktionsgas nicht
eingegangen, folglich bleibt das abgetragene Material im Reaktionsraum
zurück und lagert sich als Feststoff an den Kammerwänden an.

Handelt es sich um ein reaktives Ätzgas, so findet ein chemischer
Materialabtrag statt, der von einer physikalischen Komponente,
resultierend aus der Energieaufnahme der ionisierten Gasmoleküle im
elektrischen Feld, unterstützt wird. Das abzutragende Material geht eine
chemische Verbindung mit dem Reaktionsgas zu einem flüchtigen
Produkt ein, das über das Pumpsystem aus dem Reaktor entfernt wird.
Das resultierende Ätzprofil ist in weiten Bereichen über die Parameter
Hochfrequenzleistung, Druck, Gasart und Gasdurchfluss sowie die
Wafertemperatur einstellbar. Als Gase werden hauptsächlich Fluor- und
Chlor- sowie zunehmend auch Bromverbindungen eingesetzt.

Die zurzeit wichtigsten Verfahren des Trockenätzens sind das Plasmaätzen mit rein chemischem Materialabtrag, das reaktive Ionenätzen als
physikalisch/chemisches Ätzen und das Ionenstrahlätzen als rein
physikalische Ätztechnik. Das Plasmaätzen und das reaktive Ionenätzen
nutzen einen vergleichbaren Aufbau der Ätzanlage, wobei der
Unterschied lediglich in der Einkopplung der Hochfrequenzleistung liegt.
Dagegen erfordert das Ionenstrahlätzen eine Ionenquelle mit einer
Hochspannung zur Beschleunigung der Teilchen. Bild 2.13 zeigt die
Komponenten der heute gebräuchlichen Parallelplattenreaktoren.

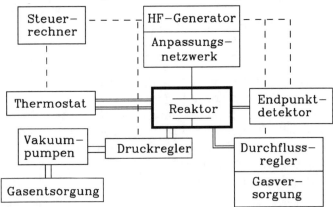

Bild 2.13: Komponenten eines Parallelplattenreaktors zum Trockenätzen

Plasmaätzen (PE)

Eine Plasmaätzanlage besteht aus einer Reaktionskammer, in der zwei Elektroden gegenüber liegend angeordnet sind. Bei einem Druck im Bereich von ca. 5 Pa lässt sich durch Anlegen eines hochfrequenten Wechselfeldes zwischen diesen beiden Elektroden eine Gasentladung zünden, d. h. es entstehen durch Stoßionisation freie Elektronen und Ionen, die zur Aufladung der an das hochfrequente Wechselfeld kapazitiv gekoppelten Elektrode führen.

Da die Elektronen dem hochfrequenten Wechselfeld folgen können, die Ionen jedoch aufgrund ihrer großen Masse nahezu ortsfest sind, bewegen sich die negativen Ladungen während der positiven Halbwelle der Hochfrequenz auf die HF-Elektrode zu und laden diese negativ auf. Während der negativen Halbwelle sind die Elektronen jedoch nicht in der Lage, aus der Elektrode auszutreten, weil sie die Austrittsarbeit nicht überwinden können; folglich bleibt die Elektrode negativ geladen.

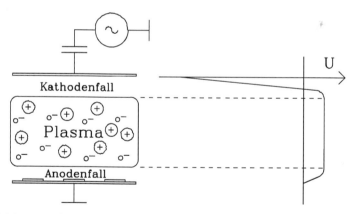

Bild 2.14: Potenzialverlauf zwischen den Elektroden eines Parallelplatten-reaktors (Plasmaätzen)

Die resultierende Elektrodenspannung, die auf die positiv geladenen Ionen wirkt, nennt sich Biasspannung. Sie kann bis zu ca. -1000 V betragen, während der Plasmabereich infolge der fehlenden Elektronen nur um einige wenige Volt positiv vorgespannt ist. Dem entsprechend stellt sich der in Bild 2.14 dargestellte Potenzialverlauf innerhalb des Reaktors ein.

Die Siliziumscheiben mit den abzutragenden Schichten befinden sich beim Plasmaätzen auf der geerdeten Elektrode. Infolge der Stöße im Plasma dissoziiert das eingelassene Gas im Innern der Kammer, so dass neben den Ionen auch aggressive Radikale - reaktive Moleküle mit ungepaarten Elektronen - entstehen. Die ionisierten Moleküle werden zur negativ geladenen Elektrode beschleunigt und tragen somit beim Plasmaätzen nicht zum Materialabtrag bei. Der auf der geerdeten Elektrode liegende Wafer wird nur von den aggressiven niederenergetischen Radikalen angegriffen, die chemisch mit dem Material reagieren. Sie besitzen keine bevorzugte Bewegungsrichtung. Das Plasmaätzen ist somit primär ein chemisches Ätzverfahren und erzeugt infolge dessen ein isotropes Ätzprofil mit deutlicher Unterätzung der Lackmaske bei relativ hoher Selektivität.

Das Haupteinsatzgebiet des Plasmaätzens ist heute das Ablösen von Fotolackschichten im Sauerstoffplasma. Die dazu typischen Bauformen der Reaktoren sind der Barrel- und der Down-Stream-Reaktor. Eine weitere Anwendung ist das ganzflächige selektive Abtragen von Schichten mit hoher Ätzrate im Parallelplattenreaktor.

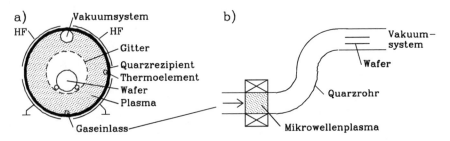

Bild 2.15: Prinzip des a) Barrel- und des b) Down-Stream-Reaktors als typische Anlagen zum Plasmaätzen

Der Raum der Gasentladung mit den geladenen, teils hochenergetischen Ionen ist im Barrelreaktor durch ein Gitter (Tunnel), das die geladenen Teilchen abfängt und nur die neutralen Radikale durchlässt, von den

Wafern getrennt, um eine mögliche Schädigung der Scheibenoberfläche durch energiereiche Teilchen zu vermeiden. Aus dem gleichen Grund sind im Down-Stream-Reaktor Plasma und Wafer räumlich strikt getrennt; die Radikale werden über eine gebogene Quarzrohrleitung, die energiereiche Teilchen abfängt, zur abzutragenden Schicht geleitet. Strahlenschäden durch hochenergetische Ionen treten bei beiden Verfahren nicht auf.

Reaktives Ionenätzen (RIE)

Das reaktive Ionenätzen ist wegen der guten Kontrollierbarkeit des Ätzverhaltens - Homogenität, Ätzrate, Ätzprofil, Selektivität - das zurzeit am weitesten verbreitete Trockenätzverfahren in der Halbleitertechnologie. Es dient zum strukturgetreuen Ätzen der Polysiliziumebene und der Metallisierung mit anisotropem Ätzprofil, während bei der Oxidätzung mit dem gewählten Ätzprozess häufig eine definierte Kantensteilheit eingestellt wird. Das Verfahren lässt sowohl eine isotrope als auch eine anisotrope Ätzung zu, da es sich um ein gemischt chemisch/physikalisches Ätzen handelt. Es liefert auch bei sehr feinen Strukturen mit Abmessungen deutlich unterhalb von 100 nm Weite noch sehr gute Ergebnisse.

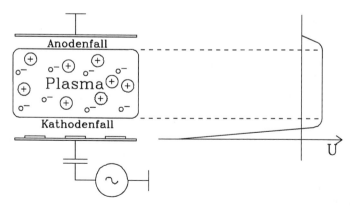

Bild 2.16: Potenzialverlauf zwischen den Elektroden einer RIE-Trockenätzanlage

Das reaktive Ionenätzen unterscheidet sich im Anlagenaufbau nur durch die Ankopplung der HF-Leistung an die Elektroden vom Plasmaätzen. Der Wafer liegt hier nicht auf der geerdeten, sondern auf der mit hochfrequenter Wechselspannung gespeisten Kathode. Diese lädt sich wegen der o. a. Vorgänge im Plasma auf bis zu -1000 V Biasspannung statisch auf.

Die im Plasma vorhandenen positiv geladenen Ionen können zwar dem hochfrequenten Wechselfeld nicht folgen, werden aber im statischen Feld infolge der Biasspannung in Richtung der HF-Elektrode und damit in Richtung der Wafer beschleunigt. Ist die mittlere freie Weglänge aufgrund des gewählten niedrigen Prozessdruckes groß, so treffen die geladenen Teilchen wegen ihrer hohen kinetischen Energie nahezu senkrecht auf die Scheibenoberfläche. Die Ionen übertragen einen Teil ihrer Bewegungsenergie auf die Atome der Waferoberfläche und lösen sie aus dem Kristallverband, zum Teil reagieren sie auch chemisch mit dem Material. Vertikale Kanten werden nicht getroffen, dort findet folglich auch kein Materialabtrag statt; die Ätzung verläuft anisotrop.

Da der Energieübertrag beim Stoß weitgehend unabhängig vom Material erfolgt, ist die Selektivität des reaktiven Ionenätzens geringer als beim Plasmaätzen. Zusätzlich tritt infolge der hohen Ionenenergien durch den Ätzprozess eine Schädigung der Bindungen an der Scheibenoberfläche auf. Freiliegende Gateoxid- oder Substratbereiche können durch Strahlenschäden gestört werden, so dass eine thermische Nachbehandlung zum Ausheilen dieser Schäden erfolgen sollte.

Neben dem physikalischen Ätzanteil findet eine chemische Ätzung durch die ungeladenen Radikale des Plasmas statt. Diese binden auch das physikalisch abgetragene Material, folglich können sich keine ausgeprägten Redepositionen an der Scheibenoberfläche bzw. an den Reaktorwänden bilden.

Steigt der Druck im Reaktor, so nimmt die mittlere freie Weglänge der Ionen im Plasma ab. Sie geben ihre kinetische Energie verstärkt durch Stöße mit den Molekülen im Rezipienten ab und erfahren dadurch Richtungsänderungen. Die Bestrahlung erfolgt nicht mehr ausschließlich senkrecht zur Waferoberfläche, folglich werden auch die Flanken der Strukturen getroffen und abgetragen. Der Ätzprozess nimmt einen verstärkten chemischen Charakter an und weist einen isotropen Ätzanteil auf. Gleichzeitig wächst die Selektivität des Prozesses infolge der verringerten Teilchenenergie.

Die Form des resultierenden Ätzprofils hängt vom Druck, der eingespeisten Hochfrequenzleistung, dem Prozessgas, dem Gasdurchfluss und von der Elektroden- bzw. Wafertemperatur ab. Dabei nimmt die Anisotropie des reaktiven Ionenätzens generell mit wachsender HF-Leistung, sinkendem Druck und abnehmender Temperatur zu, wobei aber das verwendete Reaktionsgas noch einen wesentlichen Einfluss auf die Form der erzeugten Struktur nimmt.

Die Homogenität des Ätzprozesses hängt vom Ätzgas, Elektrodenabstand und Elektrodenmaterial ab. Ein geringer Elektrodenabstand kann zu einer ungleichmäßigen Verteilung des Plasmas und damit zur Inhomogenität führen, große Abstände senken über die Leistungsdichte die Ätzrate. Als Elektrodenmaterial hat sich Kohlenstoff in Form von Graphit für Ätzprozesse mit Chlorchemie bewährt, während für Fluorchemie häufig auch Quarzelektroden eingesetzt werden. Da die verwendete Fluor- oder Chlorchemie auch Quarz bzw. Kohlenstoff abträgt, bewirken diese Elektroden eine gleichmäßigere Belastung des Plasmas. Die Scheibenränder werden somit nicht stärker als die Scheibenmitte geätzt.

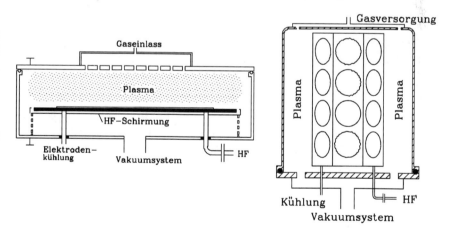

Bild 2.17: Links Parallelplatten- und rechts Hexodenbauform als RIE-Reaktoren für die Mehrscheibenbearbeitung

Reaktionsgase

Obwohl das reaktive Ionenätzen eine starke physikalische Komponente aufweist, lassen sich die Ätzraten und die Selektivitäten der Ätzprozesse durch die Wahl der Reaktionsgase erheblich beeinflussen. Wesentlich für die Reaktion mit Silizium und seinen Verbindungen sind die Elemente Chlor und Fluor.

Polysilizium und Silizium bilden sowohl mit Chlor als auch mit Fluor flüchtige Verbindungen. Typische Ätzprozesse nutzen $SiCl_4$, CCl_4, BCl_3/Cl_2 oder SF_6 als Reaktionsgas. Während die Chlorverbindungen eine homogene, weitgehend anisotrope Ätzung über die gesamte Scheibe ermöglichen, zeigt SF_6 eine radiale Abhängigkeit der Ätzrate mit einem wesentlichen isotropen Anteil; Silizium wird am Rand der Scheibe erheblich stärker als in der Wafermitte abgetragen. Bei gleichem Gasfluss, Druck und identischer Leistung ist die Ätzrate von SF_6 deutlich höher als die der Chlorverbindungen.

Die Selektivität des Siliziumätzens zu SiO_2 und Fotolack liegt zwischen $10 : 1$ und $50 : 1$, je nach gewählten Prozessbedingungen. Dabei kann die Anwesenheit von Stickstoff im Chlor-Plasma zu einer deutlichen Steigerung der Selektivität führen. Fluorverbindungen, die weder Wasserstoff noch Kohlenstoff enthalten, ermöglichen auf einer Aluminiumelektrode eine Selektivität von über $100 : 1$ zu Fotolack und Oxid, auf einer Kohlenstoffelektrode erreicht der gleiche Prozess lediglich einen Wert von $10 : 1$.

Zum Ätzen von Siliziumdioxid eignen sich Fluor-Kohlenstoffverbindungen wie CF_4, C_2F_6 oder CHF_3, die gemeinsam mit Sauerstoff, Wasserstoff oder Argon als Reaktionsgas dienen. Die Ätzrate für CHF_3/O_2 beträgt ca. 40 nm/min, bei C_2F_6/O_2 ca. 70 - 200 nm/min.

Ätzprozesse für Oxid neigen zur Polymerbildung auf der Scheibenoberfläche; diese senken bzw. verhindern den Materialabtrag. Die Aufgabe des Sauerstoffes im Plasma ist das instantane Verbrennen/Oxidieren dieser Polymere, so dass keine Abschattungen auftreten. Durch den Sauerstoffgehalt der Gasmischung wird während des Oxidätzens auch der Fotolack angegriffen, so dass mit einer Lackmaske nur eine begrenzte Ätztiefe erreicht werden kann.

Dies ermöglicht aber auch die Strukturierung von Öffnungen mit schrägen Kanten, wie sie bei den Kontaktlöchern in den mikroelektronischen Schaltungen zur Vermeidung von Leiterbahnabrissen notwendig sind. Durch den gleichzeitigen Abtrag von Fotolack und Oxid weitet sich die Lackmaske, deren Kantenwinkel in der Öffnung infolge des Härtens des Lackes deutlich kleiner als 90° ist, während des Ätzens stetig auf. Mit zunehmender Prozessdauer nimmt folglich parallel zur Tiefe der Öffnungen auch deren Fläche zu. Es resultieren Kontaktlöcher mit abgeschrägten Kanten im Oxid, deren Böschungswinkel über die Sauerstoffkonzentration im Plasma eingestellt werden kann (Bild 2.18).

Die Selektivität des Oxidätzprozesses zu Silizium wird vom Verhältnis C : F im Plasma bestimmt. Fluorreiche Plasmen ätzen verstärkt Silizium, dagegen fördert eine hohe Kohlenstoffkonzentration die Bildung von Polymeren auf der Siliziumoberfläche. Diese Ablagerungen führen zu einer höheren Selektivität des Oxidätzprozesses.

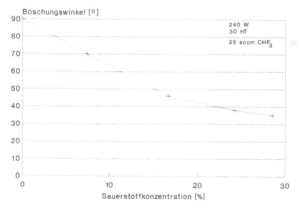

Bild 2.18: Böschungswinkel der Kontaktöffnungen in Abhängigkeit von der Sauerstoffkonzentration im CHF_3-Plasma

Alternativ lassen sich im Oxid Öffnungen mit senkrechten Kanten mit der Gasmischung CHF_3/Ar herstellen. Hier unterstützt der physikalische Ätzvorgang des Argons den Ätzprozess, indem die Polymerbildung an waagerechten Kanten durch Ionenbestrahlung unterdrückt wird, an vertikalen Flächen jedoch kaum ein Abtrag der Ablagerungen stattfindet.

Während die Selektivität zu Silizium im sauerstoffhaltigen Plasma mit ca. 2 : 1 gering ist, werden im CHF_3/Ar-Plasma Werte von 20 : 1 erreicht.

Siliziumnitrid lässt sich in CH_3F/O_2 (Monofluormethan) anisotrop und selektiv (10:1) zu Oxid strukturieren, während im CHF_3/O_2-Plasma nur Selektivitäten von 2 : 1 möglich sind. SF_6 trägt das Nitrid mit größerer Selektivität ab, zeigt aber erneut eine radiale Abhängigkeit der Ätzrate über den Wafer. Typische Abtragraten sind 50 - 80 nm/min. Im CHF_3/Ar-Plasma wird Siliziumnitrid nur sehr schwach angegriffen.

Aluminium bildet nur mit Chlor eine für die Trockenätztechnik geeignete flüchtige Verbindung, so dass fluorhaltige Gase zur Strukturierung des Metalls ausscheiden. Als Reaktionsgase dienen $SiCl_4/Cl_2$, BCl_3/Cl_2 oder CCl_4/Cl_2. Reines Chlor bewirkt eine recht isotrope Ätzung, die Zugabe der Chlorverbindungen passiviert die während des Ätzens entstehenden senkrechten Aluminiumflanken vor dem weiteren Ätzangriff und führt somit zum anisotropen Ätzvorgang. Dieser Passivierungsprozess kann durch eine Zugabe von Methan noch verstärkt werden, dabei sinkt jedoch die Ätzrate.

Auch Aluminium erfordert einen mehrstufigen Ätzprozess, in dem zunächst das harte Oberflächenoxid durch physikalisches Ätzen aufgespalten und dann das Aluminium mit hoher Rate abgetragen wird, wobei zum Ende des Prozesses zusätzlich eine größere Selektivität zum Oxid notwendig ist.

Ionenstrahlätzen

Das Ionenstrahlätzen ist ein rein physikalisches Ätzverfahren. Als Prozessgas wird Argon, seltener auch Xenon, als gerichteter Ionenstrahl mit 1 - 3 keV Teilchenenergie eingesetzt. Die Edelgasionen treffen senkrecht oder unter einem vorgegebenen Winkel auf den Wafer und schlagen Material aus der Oberfläche heraus.

Infolge der erforderlichen großen freien Weglänge der Ionen muss der Prozessdruck sehr gering sein, so dass die Ätzung anisotrop verläuft. Die Ätzrate ist nur schwach vom abzutragenden Material abhängig, d. h. die Selektivität des Verfahrens ist äußerst gering. Da das geätzte Material nicht als gasförmiges Molekül chemisch gebunden wird, lagert es sich an den Wänden des Reaktors, aber auch an vertikalen Kanten auf der Scheibenoberfläche an.

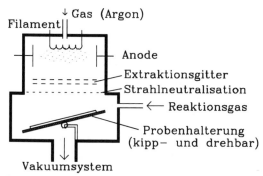

Bild 2.19: Schematischer Aufbau einer Anlage zum Ionenstrahlätzen bzw. chemisch unterstützten Ionenstrahlätzen (nach /3/)

Aus diesem Grund ist das Verfahren zum chemisch unterstützten Ionenstrahlätzen (CAIBE = Chemically Assisted Ion Beam Etching) weiterentwickelt worden. Neben dem Edelgas Argon zum physikalischen Materialabtrag wird ein reaktives Gas in den Reaktor eingeleitet, das - durch die Bestrahlung mit den energiereichen Argonionen angeregt - durch chemisches Ätzen Material bindet und in die Gasphase überführt.

Die Selektivität dieses Verfahrens hängt vom Reaktionsgas ab, sie ist im Vergleich zum reinen Ionenstrahlätzen deutlich erhöht. Die wesentlichen Komponenten der Ionenstrahl-Ätzanlage sind die drehbare, geerdete Elektrode als Waferhalterung, eine Ionenquelle und ein Extraktions- bzw. Beschleunigungsgitter. Ihr Aufbau ist in Bild 2.19 schematisch dargestellt.

2.2.4 Dotierung

Die Dotierung von Halbleitern wird sowohl in der Mikroelektronik als auch in der Mikromechanik genutzt. Während elektronische Bauelemente hauptsächlich über Ionenimplantation dotiert werden, eignet sich für die

Erzeugung einer Ätzstoppschicht in der Mikromechanik bzw. Mikrosystemtechnik auch das Diffusionsverfahren.

2.2.4.1 Diffusion

Die Diffusion nutzt das Bestreben eines Stoffes nach Gleichverteilung aus. Folglich breitet sich ein Dotierstoff von einem Bereich hoher Konzentration in einen undotierten Bereich aus, sobald eine ausreichende Anregung gegeben ist. Im Fall der Diffusion wird die erforderliche Energie durch eine hohe Prozesstemperatur zur Verfügung gestellt.

Dazu werden die Halbleiterscheiben unter Schutzgasatmosphäre in einem Quarzrohr auf bis zu 1200°C aufgeheizt. Anschließend strömt ein dotierstoffhaltiges Gas durch das Rohr, sodass aufgrund des Dotierstoffgradienten einige Dopanden in den Halbleiter eindringen. Je höher die Temperatur und je länger die Prozesszeit gewählt wird, desto mehr Dotieratome dringen in den Kristall ein und desto tiefer reicht die Dotierstoffverteilung in den Kristall hinein.

2.2.4.2 Ionenimplantation

Bei der Ionenimplantation werden Dotierstoffionen aus einer Gasentladung im Niederdruckplasma abgesaugt, auf definierte Energie vorbeschleunigt, im Massenanalysator hinsichtlich ihrer Ionenmasse ausgewählt und in einem elektrischen Feld stark beschleunigt. Sie treffen anschließend mit hoher Energie auf das Halbleitermaterial und dringen bis zu einer von der Ionenmasse und der Energie abhängigen Tiefe in den Kristall ein.

Die Ionen verlieren ihre kinetische Energie durch elastische Stöße und elektronische Reibungsverluste an den Substratatomen, dabei werden die Bindungen im Kristallgitter teilweise aufgebrochen. Nach dem vollständigen Übertrag der Energie lagern sich die Dotierstoffe oberflächennah in ca. 50 – 200 nm Tiefe auf Zwischengitterplätzen an.

Da jedes Ion im Kristall exakt eine Elektronenladung ablagert, lässt sich die Anzahl der eingebrachten Dotieratome über den integrierten Strom sehr genau erfassen. Im Vergleich zur Diffusion ist die Dotierstoff-konzentration somit wesentlich exakter zu kontrollieren.

Nachteilig ist die erforderliche Temperung nach der Implantation, denn sowohl die Beseitigung der durch Ionenstöße erzeugten Gitterschäden als auch die Aktivierung der Dotierstoffatome ist erst nach einem Temperaturschritt bei ca. 1000°C gegeben. Infolge der thermischen Behandlung tritt eine Diffusion auf, die zur Vergrößerung der dotierten Bereiche führt.

Typische Elemente für die Ionenimplantation sind Bor, Phosphor und Arsen, seltener auch Antimon, Gallium, Indium oder Aluminium.

2.3 Techniken der Mikromechanik

Die Mikromechanik nutzt zusätzlich zu den Verfahren der mikroelektronischen Integrationstechnik weitere speziell für die dreidimensionale Strukturierung entwickelte Prozesse. Dazu zählen die anisotropen nasschemischen Ätzverfahren, die richtungsgebundene Hochratenätzung mit hochangeregten Plasmen sowie das anodische Bonden von Silizium und Glas.

2.3.1 Anisotrope nasschemische Ätzung

In der mikroelektronischen Integrationstechnik ist eine Ätzung der kristallinen Siliziumscheibe im allgemeinen nicht erforderlich. Lediglich für Trench-Kapazitäten und für die Grabenisolation werden anisotrope Trockenätzschritte zur Erzeugung von Hohlräumen im Kristall genutzt, die maximal einige Mikrometer in das Substrat hineinreichen können.

Dagegen erfordert die Mikromechanik eine richtungsgebundene Ätzung zur Herstellung dreidimensionaler Elemente, die häufig nasschemisch erfolgt. Als Orientierung für den Verlauf des Ätzvorganges dient die Kristallstruktur des Halbleiters. In speziellen Ätzlösungen werden die (100)- und die (110)- Kristallebenen deutlich schneller abgetragen als die (111)-Ebenen, sodass die Lage der Ebenen in der Siliziumscheibe die Form der resultierenden Struktur bestimmt.

Dieser Effekt resultiert aus der höheren atomaren Dichte bzw. größeren Bindungszahl in den (111)- Ebenen des Diamantgitters; die erforderliche Energie zum Herauslösen eines Atoms liegt hier deutlich oberhalb derer anderer Ebenen. Alle anderen Kristallebenen werden mit erheblich größerer Rate geätzt.

Folglich lassen sich in einkristallinen Siliziumscheiben in Abhängigkeit von der Lage der (111)-Ebenen im Kristall, festgelegt durch die Oberflächenorientierung und das Flat der Scheibe, unterschiedlich geformte Strukturen wie Pyramiden, V-Gräben ((100)-Silizium) oder senkrechte Wände ((110)-Silizium) ätzen. Bild 2.20 zeigt den Verlauf der (111)-Ebenen in Siliziumscheiben unterschiedlicher Orientierung.

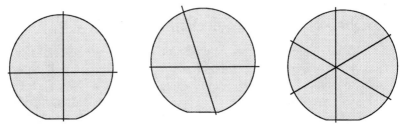

Bild 2.20: Lage der (111)-Ebenen in den drei wichtigsten Kristallorientierungen für Siliziumscheiben, von links nach rechts: (100)-, (110)- und (111)-Orientierung

Zur anisotrop wirkenden Siliziumätzung eignen sich verschiedene Alkalilaugen wie Kaliumhydroxid (KOH), Natriumhydroxid (NaOH), Lithiumhydroxid (LiOH), Tetramethylammoniumhydroxid (TMAH) oder eine Mischung aus Ethylendiamin, Brenzkatechin, Pyrazin und Wasser (EDP-Lösung).

Die Ätzreaktion wird in allen Fällen von den freigesetzten Hydroxylionen in den Lösungen ausgelöst. Jeweils zwei Hydroxylionen aus der Ätzlösung lagern sich unter Abgabe von 4 Elektronen an ein an der Kristalloberfläche gebundenes Siliziumatom an.

$$Si + 2\ OH^- \longrightarrow Si(OH)_2^{++} + 4\ e^- \qquad (2.20)$$

Es bildet sich der Komplex $Si(OH)_2^{++}$, der bereits aus dem Kristall herausgelöst, aber aufgrund seiner elektrischen Ladung noch an der Oberfläche anhaftet /6/. Die vier in den Kristall injizierten Elektronen führen an der Kristalloberfläche zur Dissoziation des Wassers aus der Lösung, d. h.

$$2\,H_2O + 2\,e^- \longrightarrow 2\,OH^- + H_2 \qquad (2.21)$$

Damit stehen weitere OH^--Ionen für die Bildung löslicher Reaktionsprodukte zur Verfügung. Jeweils 4 OH^--Ionen lagern sich an den Komplex aus Gl. (2.20) an und bilden, je nach verwendeter Ätzlösung, die folgenden Reaktionsprodukte:

$$Si(OH)_2^{2+} + 4\,OH^- \longrightarrow Si(OH)_6^{2-} \qquad (2.22)$$

$$Si(OH)_2^{2+} + 4\,OH^- \longrightarrow SiO_2(OH)_2^{2-} + 2\,H_2O \qquad (2.23)$$

Damit entspricht die Gesamtreaktion für EDP-Lösungen der Gleichung:

$$Si + 2H_2O + 2OH^- \longrightarrow Si(OH)_6^{2-} \qquad (2.24)$$

bzw. für eine KOH-Ätzlösung der Gleichung:

$$Si + 2H_2O + 2OH^- \longrightarrow SiO_2(OH)_2^{2-} + 2\,H_2 \qquad (2.25)$$

Aus den Gleichungen ist die Wichtigkeit der Elektronen für die Reaktion ersichtlich. Werden diese Ladungsträger aus dem Substrat verbannt, so kommt die Reaktion nach Gleichung (2.21) zum Erliegen und der Ätzprozess stoppt aus Mangel an verfügbaren OH^--Ionen.

Tabelle 2.3: Ätzrate für (100)-Silizium von KOH-Lösungen unterschiedlicher Konzentration in Abhängigkeit von der Temperatur (in μm/h, nach /6/)

Temperatur [°C] %KOH	30	40	50	60	70	80	90
10	3,23	6,7	13,2	25,2	46,1	81,6	139
15	3,41	7,05	13,9	26,5	48,6	85,9	147
20	3,42	7,09	14,0	26,7	48,8	86,3	148
30	3,13	6,48	12,8	24,4	44,6	79,0	135
40	2,55	5,28	10,4	19,9	36,4	64,4	110
50	1,82	3,77	7,4	14,2	26	45,9	78

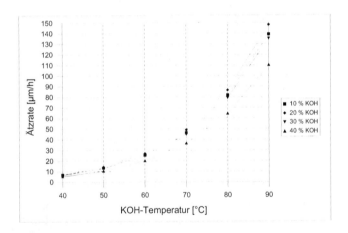

Bild 2.21: Ätzrate von (100)-Silizium in KOH für verschiedene Lösungskonzentrationen und Temperaturen (nach /7/)

Diese Eigenart lässt sich zur Kontrolle des Ätzprozesses nutzen, indem Schichten mit extrem geringer Lebensdauer für Elektronen bzw. sehr geringer Elektronendichte als Ätzstoppschicht in den Siliziumkristall eingebaut werden. Da die Eigenleitungsdichte n_i von Silizium ca.

10^{10} cm^{-3} beträgt, führt eine Bor-Dotierung in der Größenordnung um 10^{20} cm^{-3} wegen $p \cdot n = n_i^2$ zu einer vernachlässigbaren Anzahl von Elektronen im Halbleitermaterial. Der Ätzprozess stoppt an dieser Schicht, weil alle injizierten Elektronen sofort rekombinieren und damit nicht zur OH$^-$-Ionenbildung zur Verfügung stehen.

Alternativ können die Elektronen auch durch ein elektrisches Feld an einem pn-Übergang von der Grenzfläche Silizium/Ätzlösung ferngehalten werden. Liegt an einem pn-Übergang in einer Siliziumscheibe eine Sperrspannung an, so entsteht eine ladungsträgerfreie Raumladungszone, die den Ätzprozess auf der n-leitenden Seite stoppt.

Um das elektrochemische Ätzen kontrolliert durchzuführen, ist eine Kontaktierung des n-leitenden Siliziums und der Ätzlösung erforderlich. Dazu eignet sich der Bild 2.22 dargestellte Anlagenaufbau.

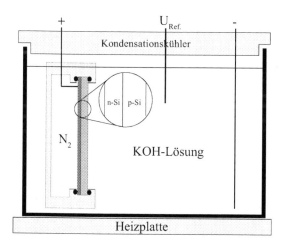

Bild 2.22: Apparatur zum elektrochemischen Ätzen von Silizium mit einem pn-Übergang als Ätzstoppschicht

Um einen lokalen Ätzangriff zu ermöglichen und bestimmte Bereiche vor der Lösung zu schützen, ist eine stabile Maskierung erforderlich. Fotolack eignet sich nicht, da alkalische Lösungen sowohl als Entwickler als auch zum Entfernen des Lackes nach einem Prozessschritt eingesetzt werden. Folglich sind sogenannte Hartmasken aus Siliziumdioxid oder Siliziumnitrid erforderlich.

Als Maskierung weit verbreitet sind dicke thermische Oxidschichten, allerdings weist Siliziumdioxid je nach Art, Konzentration und Temperatur der Lösung eine Ätzrate im Bereich von einigen Nanometer je Minute auf. Dies ist für Ätzungen von bis zu 100 µm ausreichend, bei tieferen bzw. längeren Ätzvorgängen jedoch nicht vertretbar. Bild 2.23 verdeutlicht das Verhältnis der Ätzraten von (100)-Silizium zu Siliziumdioxid in Abhängigkeit von der Temperatur für verschiedene KOH-Lösungen. Tendenziell gilt, je höher die Konzentration und die Temperatur der Lösung ist, desto geringer wird die Selektivität zur Oxidmaske.

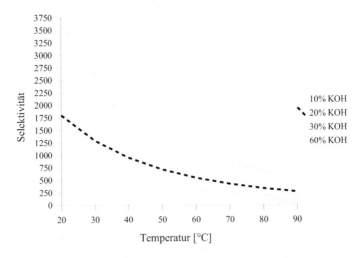

Bild 2.23: Selektivität der Ätzrate von Silizium zu thermischem Siliziumdioxid in Abhängigkeit von der Temperatur für verschiedene KOH-Lösungskonzentrationen

Günstigere Eigenschaften zeigt LPCVD-Siliziumnitrid. Selbst bei Ätztiefen von mehr als 500 µm reicht eine 50 nm starke Nitridmaske zur Maskierung des Siliziums aus. Folglich beträgt die Selektivität zumindest mehr als 10^4.

Im PECVD-Verfahren abgeschiedene oder gesputterte Schichten aus Siliziumdioxid oder Siliziumnitrid weisen selbst im Vergleich zu thermisch gewachsenen Oxiden erheblich höhere Ätzraten auf und scheiden als Maske aus. Auch das elektrisch stabile TEOS-Oxid ist für diese Anwendung ungeeignet.

Wegen des Alkaliionengehaltes sind viele der anisotrop wirkenden Ätzlösungen nicht verträglich zur MOS-Technologie, außerdem gelten die EDP-Lösungen als krebserregend und stark umweltbelastend. Besonders geeignet für Anwendungen in Verbindung mit MOS-Transistoren ist Tetramethylammoniumhydroxid (TMAH), es weist jedoch im Vergleich zu KOH- oder EDP-Lösungen eine geringere Selektivität zwischen den Kristallebenen auf.

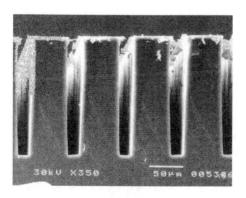

Bild 2.24: Senkrechte Wände im (110)-Silizium, geätzt mit einer anisotrop wirkenden Lösung (KOH)

Alternativ zu den kristallorientierten Ätzlösungen ermöglicht auch die elektrochemische Ätzung in HF-Lösung eine materialselektive Ätzung. Während die Ätzrate von p-leitendem oder stark n-dotiertem Silizium in 5%-iger HF-Lösung in Wasser oder Schwefelsäure bei anliegender Spannung relativ hoch ist, wird schwach n-leitendes Silizium kaum angegriffen. Der Materialabtrag verläuft isotrop, ermöglicht aber die Herstellung frei tragender Siliziumstege oder -brücken mit geringer Dotierung.

Als Ätzmaske eignet sich Siliziumnitrid; Oxid wird von der HF-Lösung
direkt abgetragen, während viele Fotolacke bei anliegender Spannung
nicht ausreichend stabil sind. Die resultierenden Oberflächen sind bei
HF/H_2SO_4-Lösungen, die einen höheren Leitwert aufweisen, glatter als
bei Wasser als Verdünnung.

Der Ätzprozess verläuft nach /8/ entsprechend folgender Reaktionen:

$$Si + 2HF + 2h^+ \rightarrow SiF_2 + 2H^2 \qquad (2.26)$$

Dieses instabile Molekül wandelt sich unter Einwirkung der Flusssäure
in H_2SiF_6 um, welches in Wasser zu SiO_2 oxidiert.

$$SiF_2 + 4HF \rightarrow H_2SiF_6 + H_2 \qquad (2.27)$$

$$SiF_2 + 2H_2O \rightarrow SiO_2 + 2HF + H_2 \qquad (2.28)$$

Das Oxid wird schließlich von der Flusssäure abgetragen.

$$SiO_2 + 6HF \rightarrow H_2SiF_6 + 2H_2O \qquad (2.29)$$

In der Ätzlösung bildet der Übergang von der HF-Lösung zum Silizium
einen Schottky-Kontakt (Bild 2.25). Für p-leitendes Silizium stehen bei
positiver Spannung am Wafer unabhängig von der Dotierstoffkonzentration immer Löcher in ausreichender Zahl an der Halbleiteroberfläche
zur Verfügung, folglich wird das Material sehr schnell geätzt. Im
schwach n-dotierten Silizium ist die Löcherdichte gering, der Ätzprozess
findet mit stark reduzierter Rate statt bzw. stoppt vollständig.

Mit wachsender n-Dotierung nimmt die Weite der Raumladungszone
bzw. Bandaufwölbung im Halbleiter an der Grenzfläche zur Ätzlösung
ab, bis schließlich die Elektronen die Potenzialbarriere durchtunneln
können. Durch die Elektroneninjektion in den Halbleiter setzt ebenfalls
ein starker Ätzprozess ein.

Damit wird nur schwach n-leitendes Silizium von der Ätzlösung nicht
abgetragen.

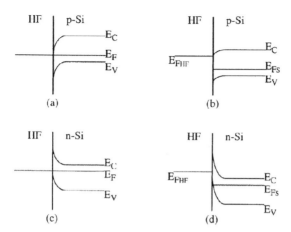

Bild 2.25: Potenzialverlauf am Schottky-Kontakt HF-Lösung zum Silizium: a) p-leitendes Silizium ohne Vorspannung, b) dto. mit Vorspannung, c) n-leitendes Silizium ohne Vorspannung und d) n-leitendes Silizium mit Vorspannung

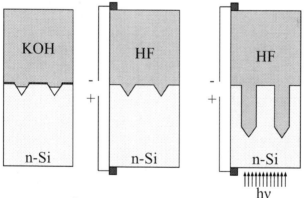

Bild 2.26: Anisotropes Ätzen von Poren in n-leitenden einkristallinen Siliziumoberflächen

In abgewandelter Form ermöglicht die elektrochemische HF-Ätzung auch eine anisotrope Porenätzung über große Tiefen. Dazu wird die n-leitende Scheibe während des Ätzens von der Rückseite mit Licht bestrahlt, um Ladungsträgerpaare im Silizium zu generieren. Die Löcher diffundieren aufgrund der positiven Spannung am Wafer zum Schottky-Kontakt mit der HF-Lösung und führen dort über die Bildung von SiF_2 zum Materialabtrag.

Aus (100)-orientierten n-leitenden Siliziumoberflächen lassen sich durch KOH-Ätzung Pyramiden herausätzen. Im Kontakt mit der leitfähigen HF-Ätzlösung tritt an der Spitze der Pyramide eine hohe Feldstärke auf, sodass hier die Elektroneninjektion in den Halbleiter bevorzugt stattfindet. Folglich wird die Pyramidenspitze weiter abgetragen und verlagert sich in den Kristall hinein. Das Verfahren ermöglicht hohe Ätztiefen bei kleinen Porendurchmessern.

2.3.2 Trockenätztechnik zur dreidimensionalen Strukturierung

Die anisotrope Trockenätzung von Silizium wird seit vielen Jahren zur Strukturierung der Gate-Elektrode des MOS-Transistors eingesetzt. Auch die Trench-Kapazitäten in Speicherbausteinen und die Grabenisolationen zwischen den einzelnen Transistoren moderner integrierter Schaltungen erfordern anisotrope Siliziumätzungen, die mit Chlor- oder Bromverbindungen im Reaktiven Ionenätzverfahren hergestellt werden. Diese Prozesse eignen sich für maximal einige Mikrometer Ätztiefe, sie sind für anisotrope Tiefenätzungen, die über 10-15 µm hinausgehen, jedoch ungeeignet. Weder die Ätzrate noch die Selektivität zu den Maskenmaterialien reichen für mikromechanische Anwendungen aus.

Ein Prozess mit hoher Ätzrate von Silizium basiert auf dem Gas SF_6. Ätzraten von mehreren Mikrometern je Minute bei hoher Selektivität zu Fotolackmasken sind im RIE-Verfahren erreichbar, allerdings ist der Materialabtrag weitgehend isotrop. Durch Erhöhung des physikalischen Materialabtrags, d. h. geringer Druck, niedriger Gasfluss und hohe HF-Leistung, lässt der Strukturierungsprozess zwar anisotrope Ätzungen auf Kosten der Selektivität und der Ätzrate zu, jedoch sind diese für mikromechanische Anwendungen nicht ausreichend.

Eine Lösung bietet das „black silicon"-Verfahren /9/ zur anisotropen RIE-Tiefenätzung von Silizium. Dabei wird ein Reaktionsgasgemisch aus SF_6 und O_2 bei relativ hohem Prozessdruck eingesetzt. Durch den Sauerstoffgehalt im Plasma bildet sich an den geätzten Wänden eine Passivierung aus, die auf dem Boden der Öffnung durch physikalisches

Ätzen infolge der Ionenstöße wieder abgetragen wird, an den senkrechten Öffnungskanten aber stehen bleibt. Bei exakter Kontrolle der Prozessparameter sind weitgehend anisotrope Tiefenätzungen von einigen 100 µm Tiefe möglich.

Der gleiche Effekt kann durch Kühlung des Siliziumsubstrates auf ca. -50°C bis -90°C erreicht werden. In diesem Fall scheidet sich an den Seitenwänden der Öffnungen eine Passivierung aus SiO_xF_y ab, die bei tiefen Temperaturen nichtflüchtig ist. Im Vergleich zur zuvor beschriebenen „black silicon"-Methode ermöglicht das Kryo-Ätzen höhere Ätzraten bei verbesserter Anisotropie.

Ein weit verbreiteter Trockenätzprozess für die Mikromechanik ist der ASE^{TM} (**A**dvanced **S**ilicon **E**tching) -Prozess. Während die zuvor genannten Verfahren parallel zum Ätzen des Siliziums die Seitenwandpassivierung abscheiden, wird im ASE-Prozess durch eine zeitlich getaktete Veränderung der Gasmischung abwechselnd geätzt und passiviert. Das Ätzen erfolgt wegen der hohen erreichbaren Abtragsrate erneut mit SF_6, der Passivierungsprozess nutzt eine Gasmischung aus CHF_3, C_4F_8 und weiteren Fluor-Kohlenstoffverbindungen zur Abscheidung von $n-CF_2$-Polymeren.

Mit dem ASE-Verfahren lassen sich relativ hohe Ätzraten erzielen, dabei ist weiterhin Fotolack als Maske einsetzbar. Anisotropiefaktoren von über 30 können erreicht werden, allerdings sinkt die Ätzrate mit wachsender Strukturtiefe infolge des abnehmenden Gasaustausches am Boden der Öffnung deutlich.

In den letzten Jahren wurden spezielle Verfahren zur verstärkten Anregung des reaktiven Gases im Plasma entwickelt, um einerseits höhere Ätzraten zu erzielen und andererseits die Selektivität der Prozesse zu verbessern. Dazu zählen die **E**lektron-**C**yklotron-**R**esonanz (ECR) -Plasmaquellen und das induktiv gekoppelte Plasma (ICP, **I**nductive **C**oupled **P**lasma).

Den Verfahren gemeinsam ist ein erheblich höherer Dissoziationsgrad des Gases und damit eine gegenüber dem RIE-Verfahren gesteigerte Dichte an reaktiven Teilchen. Zusätzlich sorgt der geringere Prozessdruck in diesen Anlagen für eine größere freie Weglänge der Teilchen, so dass die Profile auch bei niedriger Bias-Spannung hochgradig anisotrop geätzt werden. Infolge der relativ geringen Teilchenenergie ist die Selektivität dieser Prozesse besonders hoch.

Nachteilig bei beiden Verfahren ist der im Vergleich zur RIE-Technik komplexere Anlagenaufbau. Da diese Geräte aber deutliche Vorteile in der Strukturierungstechnik bieten, setzen sie sich zunehmend auf dem Markt durch. Das ICP-Verfahren hat dabei bisher die weiteste Verbreitung gefunden.

Das ICP- (Inductive Coupled Plasma-) Verfahren (Bild 2.27) nutzt eine induktiv gekoppelte HF-Plasmaquelle zur Erzeugung von reaktiven Ionen. Während beim RIE-Verfahren die Dichte der angeregten Radikale sehr eng mit der Teilchenenergie gekoppelt ist, lässt sich hier unabhängig von der Energie der Ionen über die Höhe der HF-Leistung eine sehr hohe Ionendichte im Plasma erzeugen. Damit stehen viele angeregte Radikale für den Materialabtrag zur Verfügung.

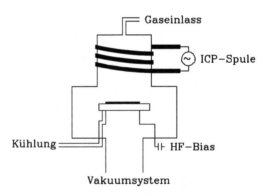

Bild 2.27: Schematischer Aufbau einer Ätzanlage mit induktiv gekoppelter Plasmaanregung

Eine zweite HF-Quelle lädt die Substratelektrode mit dem Wafer unabhängig von der Plasmadichte auf die gewünschte Bias-Spannung auf. Diese bestimmt die Energie der ätzenden Ionen und damit den physikalischen Ätzanteil. Der Druck im Rezipienten kann bei hoher Radikaldichte gering gehalten werden, so dass die freie Weglänge der Teilchen groß ist, sie senkrecht auf die Scheibenoberfläche treffen und folglich weitgehend anisotrop ätzen.

Wegen der geringen Teilchenenergie ist die Selektivität des Prozesses sehr hoch. Selektivitäten von über 100 : 1 zwischen Silizium und Fotolack bzw. Oxid sind möglich, ein Aspekt-Verhältnis (Tiefenätzung zu Öffnungsbreite) von 30 : 1 ist erreichbar. Damit steht ein selektiver anisotroper Trockenätzvorgang mit hoher Ätzrate für die Tiefenätzung zur Verfügung.

Eingesetzt wird das ICP-Verfahren bei der hochselektiven Strukturierung der Polysilizium-Gateelektrode auf dem dünnen Gateoxid, zur Ätzung von Trenchkapazitäten sowie für mikromechanische Tiefenätzungen. Dabei werden Raten von bis zu 10 μm/min erreicht. Wie bei allen Trockenätzprozessen spielt die Kristallorientierung für den Materialabtrag keine Rolle, sodass auch runde Strukturen hergestellt werden können.

2.3.3 Wafer-Bonding

Verschiedene mikrosystemtechnische Anwendungen benötigen Verfahren zum Verschließen von Hohlräumen bzw. zum Erzeugen vergrabener Isolator- oder Oxidschichten unter einem Halbleitermaterial. Als wichtigste Technik hat sich das anodische Bonden von Silizium auf Pyrex-Glas, Quarzglas oder oxidierten Substraten erwiesen.

Das anodische Bonden erfordert mechanischen Druck und ein elektrisches Feld in Verbindung mit thermischer Energie, um zwischen den Bondpartnern eine feste Verbindung zu erzeugen. Entsprechend Bild 2.28 wird zwischen der Siliziumscheibe und dem Bondpartner aus Pyrex-Glas eine hohe Spannung zwischen 200 V und 1000 V angelegt. Bei einer Temperatur zwischen 200°C und 550°C gehen die Partner eine Verbindung ein, die hohen mechanischen Beanspruchungen standhält.

Ursache für die Verbindung ist die starke Diffusion von positiv geladenen Natrium-Ionen aus dem Pyrexglas zur Kathode hin. Durch die Verarmung an Natrium bleiben im Glas an der Grenzfläche zum Silizium O_2^--Ionen zurück, die aufgrund der thermischen Energie an das Silizium ankoppeln und damit eine feste, aus einer dünnen Siliziumdioxidschicht bestehenden Verbindung erzeugen.

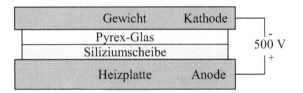

Bild 2.28: Prinzip des anodischen Bondens von Pyrexglas auf Silizium

Pyrex-Glas ist heute in der Bondtechnik weit verbreitet, da es eine hohe Natriumkonzentration enthält, die unentbehrlich für den Bondprozess ist. Typische Parameter sind eine Temperatur von 500°C bei 1000 V anliegender Spannung für eine Bondzeit von ca. 20 Minuten. Eine weitere Voraussetzung für eine vollständige Bondverbindung ist eine glatte Substratoberfläche, die frei von Verunreinigungen und Partikeln ist. Letztere würden einen schlüssigen Kontakt zwischen den Bondpartnern verhindern.

Auch zwei Siliziumscheiben lassen sich über anodisches Bonden miteinander verbinden. Dazu werden beide Wafer zunächst thermisch oxidiert, anschließend erfolgt eine Natriumanreicherung in einer der gewachsenen Oxidschichten durch Eindiffusion von Natrium aus einer NaCl-haltigen Atmosphäre.

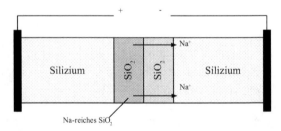

Bild 2.29: Anodisches Bonden zweier oxidierter Siliziumscheiben (nach /10/)

Zum Bonden liegt der Wafer mit der mit Natrium angereicherten Oxidschicht auf der Anode, die andere Scheibe wird anstelle der Pyrexglasscheibe auf die Oberfläche gedrückt. Der Bondprozess benötigt höhere elektrische Feldstärken, erst bei Spannungen ab 1500 V wachsen die Scheiben bei 500°C Substrattemperatur nach einigen Stunden

zusammen. Dabei bewirkt auch hier die Natriumdiffusion zur Kathode
den Bondvorgang.

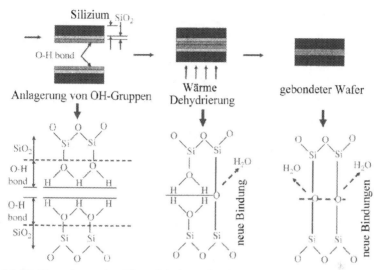

Bild 2.30: Entstehung der Silanolbindung durch OH-Gruppen an der Oberfläche
der oxidierten Siliziumscheiben (nach /11/)

Alternativ bietet sich für eine feste Verbindung von Siliziumscheiben das
„Silicon Fusion Bonding" (SFB) an. Die oxidierten Siliziumwafer
werden in H_2O_2-H_2SO_4-Lösung oder in HNO_3 gekocht, sodass sich an
ihrer Oberfläche OH-Gruppen in hoher Dichte anlagern. Anschließend
folgt das Aufeinanderpressen der Scheiben, wobei je nach Vorbehand-
lung der Oberflächen Drücke von bis zu 20 Mpa erforderlich sein
können. Die Bondverbindung lässt sich durch Erhitzen der Scheiben auf
Temperaturen über 700°C für eine Dauer von einigen Stunden
verfestigen.

2.4 Abformtechniken

Abformtechniken haben sich unabhängig von den Verfahren der Halbleitertechnologie in der Mikromechanik zur Herstellung von Strukturen

mit hohem Aspektverhältnis etabliert. Ausgehend von einer möglichst dicken Lackschicht werden bei allen Techniken Urformen hergestellt, die durch Abformung in Kunststoff oder durch Galvanik in eine metallische Mikrostruktur überführt werden.

Durch wiederholtes Abformen einer metallischen Urform lassen sich heute kostengünstig Mikrostrukturen aus Kunststoff in hohen Stückzahlen herstellen.

2.4.1 LIGA-Technik mit Röntgentiefenlithografie

Das LIGA- (**Li**thographie, **G**alvanik, **A**bformung-) Verfahren ermöglicht die Herstellung dreidimensionaler Strukturen mit sehr großen Höhen von bis zu 3 mm, wobei die lateralen Abmessungen minimal ca. 2 - 3 µm betragen. Dies entspricht extrem hohen Aspektverhältnissen (Verhältnis von Strukturhöhe und kleinster lateraler Abmessung) von bis zu 1000, die mit materialabtragenden Verfahren bisher nicht zu erreichen sind.

Das Verfahren nutzt dicke Lack- oder Polymerschichten, die auf beliebigen, mit einer leitfähigen Oberfläche versehenen Substraten aufgebracht und mit Röntgenstrahlung kurzer Wellenlänge und geringer Strahldivergenz über eine spezielle Maske belichtet werden. Die einzige bisher dazu nutzbare Lichtquelle mit ausreichender Intensität ist heute die Synchrotronstrahlung, die bei $\lambda = 0{,}2$ nm eine Projektion der Maske über die gesamte Lackdicke mit einer Auflösung im Submikrometerbereich erlaubt. Beugungseffekte treten aufgrund der geringen Lichtwellenlänge im Vergleich zur Strukturweite nicht auf.

Die Röntgenmaske besteht aus einer Titan-, Siliziumnitrid- oder Berylliummembran als Träger mit Gold-Absorbern von ca. 15 µm Dicke zur Absorption der Röntgenstrahlung. Ihre Herstellung erfolgt wegen der hohen erforderlichen Absorberdicke in einem zweistufigen Ablauf (Bild 2.31).

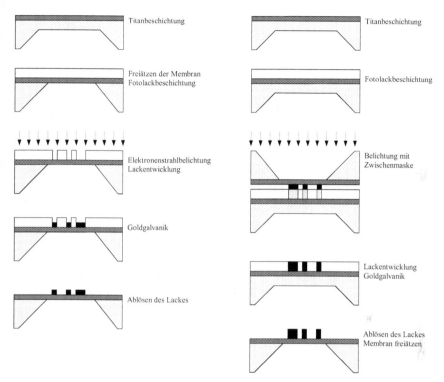

Bild 2.31: Maskenherstellung für die Röntgentiefenlithografie: links Herstellung einer Vormaske mit maximal 3 μm dicker Absorberschicht, rechts die Arbeitsmaske mit ca. 15 μm Goldabsorbern auf einer Titanmembran mit Silizium als Substrat (nach /12/)

Die Vormaske entsteht z. B. aus einem mit Titan beschichteten Siliziumwafer, in dem nasschemisch eine Membran geätzt wurde. Darauf befindet sich maximal 3 μm dicker Fotolack, der per optischer Lithografie oder Elektronenstrahlschreiben belichtet wird. Die Dicke der Lackschicht ist infolge der begrenzten Tiefenschärfe der Lithografieverfahren eingeschränkt, dickere Lacke liefern keine senkrechten Strukturkanten. Nach dem Entwickeln folgt die Goldgalvanik auf der Titanmembran zum Auffüllen der Lackzwischenräume. Nach dem Entfernen steht eine Maske mit einem für Röntgenstrahlung recht geringen Kontrastverhältnis zwischen den Absorbern und dem transparenten Bereichen zur Verfügung. Sie dient der Herstellung der Arbeitsmasken.

Auch die Arbeitsmaske besteht aus einer Titan beschichteten Siliziumscheibe mit einer Membran. Da höhere Absorber dickere Lacke erfordern, wird hier auf die Oberfläche eine 15-20 µm dicke Lackschicht aufgebracht. Danach folgt die Belichtung des Lackes mit paralleler Röntgenstrahlung über die Vormaske. Sie weist bei einer Wellenlänge um 10 nm ein ausreichendes Kontrastverhältnis auf, sodass nach dem Entwickeln des Lackes ein Abbild der Vormaske als hohe Lackstruktur vorliegt. Erneut werden die Zwischenräume per Galvanik mit Gold als Absorbermaterial aufgefüllt. Nach dem Ablösen des Lackes schließt der Maskenprozess mit dem Entfernen des Siliziums unter der Titanmembran.

Mit dieser Maske, die ein Kontrastverhältnis von 1:10 erreicht, erfolgt nun die Belichtung der bis zu 3 mm dicken Lackschichten aus PMMA (Polymethylmethacrylat) mit Synchrotronstrahlung. Während des Entwickelns entsteht eine sehr exakte, über große Tiefen definierte Lackstruktur, die allerdings relativ instabil und damit für viele Anwendungen uninteressant ist. Der Lack muss in eine Metallstruktur abgebildet werden, er dient folglich nur als Ausgangspunkt für die Galvanik zum Auffüllen der Lackzwischenräume.

Insbesondere die Nickelgalvanik ist für die Füllung verbreitet, wobei die Qualität der abgeschiedenen Schicht durch die Konzentration der Lösung, ihren pH-Wert und ihre Temperatur sowie über die Stromdichte beeinflusst werden kann. Ein Beispiel für eine geeignete Lösung ist die folgende Zusammensetzung:

75-90 g/l Nickel in Form von Nickelsulfamat

40 g/l Borsäure

3-4 g/l Netzmittel (anionenaktiv)

45-65°C Lösungstemperatur

50 mA/cm^2 Stromdichte

Nach dem Auflösen des Lackes liegt ein metallisches dreidimensionales Abbild der Maskenstruktur vor. Dieses besitzt eine ausreichende Härte bzw. Bruchfestigkeit, um Abformungen im Spritzgussverfahren vorzunehmen. Aus der metallischen Form lässt sich das Negativ der Vorlage vielfach als Kunststoffbauteil kostengünstig reproduzieren.

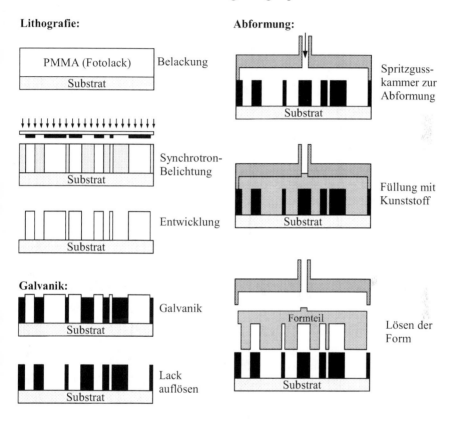

Bild 2.32: LiGA-Technik: links die Herstellung der Lackstrukturen und das Auffüllen mit Gold oder Nickel über eine galvanische Abscheidung, rechts die Abformung der Metallstruktur in Kunststoff durch Spritzguss

Damit füllt die LIGA-Technik den Bereich der „Nicht-Silizium"-Matrialien in der Mikrosystemtechnik, um z.B. Kunststoffe, Metalle oder Keramiken als Mikrostrukturen zu erzeugen. Durch die ausgesprochen hohe Materialvielfalt, die die Galvanoformung und Spritzgussabformung der Strukturen mit sich bringt, lassen sich viele

physikalischen und chemischen Eigenschaften von Festkörpern in
Mikrostrukturen übertragen. Ferromagnetische Elemente entstehen in der
Nickelgalvanik durch Zusatz von Eisen, allerdings ist die exakte
Zusammensetzung der Schicht aus einer Elektrolytlösung schwer zu
kontrollieren.

2.4.2 Silizium-Abformtechnik

Infolge der Qualität moderner Trockenätztechniken lassen sich die für
die Galvanik erforderlichen Urformen sehr einfach aus Silizium
herstellen. Dazu wird mit anisotroper Ätztechnik die gewünschte
Struktur in den Siliziumkristall hinein geätzt, wobei eine einfache, mit
optischer Lithografie strukturierte Fotolackschicht als Maske dient.

Nach der anisotropen Tiefenätzung steht der Wafer direkt zum Auffüllen
per Galvanik zur Verfügung. Allerdings ist es aus Kostengründen auch
hier vorteilhaft, erst eine Abformung aus Kunststoff von der geätzten
Struktur zu erzeugen, um diese dann galvanisch aufzufüllen. Dazu muss
allerdings das Negativ der gewünschten Form in das Silizium geätzt
werden.

Die Attraktivität dieser Technik liegt in der kostengünstigen Herstellung
der Urform, da die teuere Synchrotronstrahlung nicht benötigt wird.
Jedoch lassen sich nur Strukturhöhen bis zu ca. 200 µm bei vertretbarem
Aufwand mit der Silizium-Galvanik erzielen, tiefere Ätzungen sind
äußerst zeitintensiv.

Eingesetzt wird die Silizium-Abformtechnik für die Herstellung von
Polymer-Lichtwellenleitern, die durch Spritzguss von transparenten
Kunststoffen erzeugt werden. Strukturweiten bis hinunter in den
Submikrometerbereich lassen sich erzielen.

2.4.3 Abformtechnik mit Standard-Lithografie (HARMS)

Durch Verwendung spezieller Fotolacke ist es möglich, unter
Anwendung einfacher optischer Kontaktlithografie nahezu vergleichbar

hohe Fotolackstrukturen auf den Substraten zu erzeugen. Dazu eignet sich das **H**igh **A**spect **R**atio **M**ikro**S**ystems-Verfahren (HARMS) /13/.

Wesentliche Voraussetzung dazu ist die homogene Beschichtung der Substratoberfläche mit 50-100 µm dicken Fotolackschichten. Dies lässt sich entweder durch mehrfache Schleuderbeschichtungen übereinander, über spezielle Lösungsmittel im Lack oder mit entsprechend gestalteten Lackschleudern mit zusätzlicher über dem Substrat rotierender Scheibe erreichen.

Die Belichtung erfolgt im Kontaktverfahren und erreicht folglich eine Auflösung im oberen Submikrometerbereich. Zum Entwickeln des Lackes wird die Sprühentwicklung mit einer hochselektiven Lösung eingesetzt, sodass Strukturen mit relativ großem Aspektverhältnis im Lack entstehen. Nach dem Härten des Lackes kann die Galvanik zum Auffüllen der Zwischenräume starten.

Der besondere Vorteil des HARMS-Verfahrens liegt in der kostengünstigen Lithografietechnik mit herkömmlichen Masken. Allerdings wird die Qualität der Strukturen, die per Synchrotron-Belichtung erzeugt werden, nicht erreicht.

2.4.4 Imprint-Technik zur Strukturerzeugung

Mithilfe metallischer Stempel ist es möglich, Strukturinformationen durch Anwendung von Druck in einen zähflüssigen Lackfilm zu übertragen. Dabei verringert sich lokal die Lackdicke, sodass durch einen homogenen Teilabtrag des Lackes lokal die Substratoberfläche zur weiteren Behandlung freiliegt.

Als Stempel lassen sich sowohl strukturierte Siliziumscheiben als auch metallische Vorlagen verwenden. Dabei ist lediglich eine Stufenhöhe von wenigen 100 nm in der Stempelfläche erforderlich, um in den typischen Lackdicken von ca. 500 nm einen verwertbaren Abdruck zu erzeugen. Die aus der Oberfläche herausragenden Strukturen dringen bei einem Stempeldruck von bis zu 60 bar in den Lack ein und verdrängen ihn seitlich.

Allerdings darf der Stempel nicht bis zum Substrat vordringen um Beschädigungen sowohl des Substrates als auch am Stempel selbst zu vermeiden. Folglich wird nicht der gesamte Lack verdrängt, sondern es bleibt ein restlicher Film auf der Oberfläche zurück. Dieser muss vor einem eventuellen Ätzen des Substrates vollständig entfernt werden. Vor dem Lösen des Stempels ist eine thermische Härtung des Prägelackes möglich. Einerseits verhindert es ein Verfließen der Prägungen, andererseits erhöht es die Lackstabilität. Beim Herausziehen des Stempels können ansonsten durch anhaftenden Lack Fehler im Film entstehen. Um diese zu vermeiden, findet ein die Haftung reduzierendes spezielles Öl Anwendung, das vor jedem Druck auf den Stempel gesprüht wird.

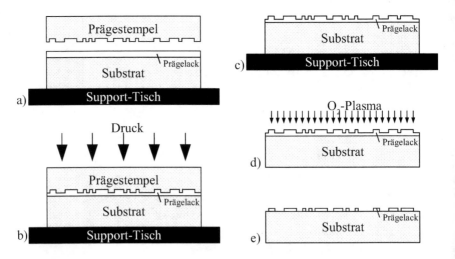

Bild 2.33: Imprint-Verfahren zur Strukturerzeugung: a) belacktes Substrat vor der Prägung, b) Prägevorgang, c) Ablösen des Stempels, d) Ätzen der restlichen Lackschicht und e) Lackmuster als Maske

Zum Entfernen des Restlackes in den geprägten Strukturen eignet sich das Trockenätzverfahren mit Sauerstoff als Reaktionsgas. Der Sauerstoff trägt den Lack bei geeigneter Wahl der Ätzparameter - geringer Druck, hohe Bias-Spannung - homogen und anisotrop ab. Es schließt sich eine thermische Härtung des Lackes an, um seine Resistenz gegenüber den folgenden Prozessschritten zu erhöhen.

Die Auflösung des Imprint-Verfahrens hängt entscheidend vom verwendeten Lack ab. Extrem dünnflüssige Lacke ermöglichen das Prägen grober Strukturen, sie lassen aber feine Gräben nach dem Ablösen des Stempels leicht wieder zufließen. Dickflüssige Lacke dagegen verhindern die gleichzeitige Prägung grober und feiner Formen bei akzeptablen Drücken. Die minimal erreichbare Strukturweite liegt im tiefen Submikrometerbereich, allerdings lassen sich bei diesen Abmessungen keine groben Strukturen gleichzeitig herstellen.

3 Basisprozesse der Mikrosystemtechnik

Die zuvor genannten Einzelprozessschritte ermöglichen die Herstellung von elektronischen, mechanischen und optischen Bauelementen in Silizium oder auf anderen Substraten. Dazu ist eine Kombination der Prozesse erforderlich, deren Umfang und Komplexität stark vom gewünschten Ergebnis abhängig ist. Einfache mikroelektronische Schaltungen lassen sich bereits mit 4 Maskenebenen in PMOS-Technik herstellen, moderne Mikroprozessoren erfordern heute weit über 20 Lithografieschritte. Mikromechanische Grundstrukturen benötigen nur eine Maskenebene, jedoch sind für die Integration von Mikromotoren bis zu 10 Ebenen erforderlich.

Die Komplexität einer Technologie wird häufig über die Anzahl der Fotolithografieschritte und Dotierungen abgeschätzt, denn die Dichte der Defekte je Lithografieebene führt zur Reduktion der Ausbeute funktionsfähiger Bauelemente. Für einen objektiven Vergleich der Komplexitäten der verschiedenen Techniken Mikroelektronik, Mikromechanik und Mikrooptik sollen in den folgenden Punkten die Einzeltechnologien kurz erläutert werden.

3.1 Mikroelektronische Integrationstechniken

MOS-Feldeffekttransistoren stellen heute die wichtigsten Schaltelemente der Mikroelektronik dar. Sie lassen sich auf kleinstem Bauraum integrieren, wobei ihre elektrischen Eigenschaften in einem vorgegebenen Prozess durch die Geometrie der Gateelektroden definiert werden. Die Transistoren sind selbstisolierend, d. h. sämtliche pn-Übergänge des Bauelementes sind im Betrieb gegenüber dem Substrat spannungslos oder in Sperrrichtung geschaltet. Der Stromfluss im MOS-Transistor findet über ein elektrisches Feld gesteuert an der Oberfläche des Siliziumkristalls statt.

Die MOS-Technologie gilt heute als Basistechnologie für die Integration mikroelektronischer Schaltungen. Mikroprozessoren, Speicherbausteine und anwendungsspezifische Schaltungen nutzen dabei die CMOS-Technologie als Schaltungstechnik, die im statischen Zustand eine besonders geringe Verlustleistung aufweist. Aufgrund des Einsatzes komplementärer Transistoren fließt in digitalen Schaltungen nur im Moment des Schaltens ein Strom, im Ruhezustand ist die Leistungsaufnahme auf den Transistorsperrstrom beschränkt und damit extrem niedrig.

Alternativ werden Bipolar-Transistoren für besonders hohe Schaltgeschwindigkeiten oder hohe Schaltströme eingesetzt. Sie erfordern eine völlig andere Prozessführung, da diese Bauelemente nicht selbstisolierend integriert werden können, sondern einen Isolationsring zu benachbarten Transistoren benötigen. Folglich ist der Flächenbedarf dieser Schaltelemente vergleichsweise hoch.

Bipolar-Transistoren sind stromgesteuerte Schaltelemente, dabei findet der Stromfluss in vertikaler Richtung im Kristall statt. Die Leistungsaufnahme von Bipolar-Schaltungen ist im Vergleich zu CMOS-Schaltungen hoch, allerdings hängt ihre Verlustleistung nicht von der Arbeitsfrequenz ab.

In der Mikrosystemtechnik lassen sich beide Technologien zur Integration der mikroelektronischen Komponenten einsetzen. Entscheidend für die Auswahl ist nur das Ziel, das mit dem Mikrosystem erreicht werden soll.

3.1.1 Grundlagen der CMOS-Prozesstechnik

Mikroelektronische Schaltungen werden heute (2006) in CMOS-Technik mit minimalen Transistorkanallängen von weniger als 100 nm hergestellt. Die Integrationstechniken für diese feinen Strukturen sind infolge der hohen Anzahl an Fotolithografieebenen und Dotierschritten äußerst komplex und für eine monolithische Systemintegration weniger geeignet. Aus diesem Grund wird hier beispielhaft ein relativ einfacher n-Wannen CMOS-Prozess für minimale Transistorkanallängen von ca. 0,5 μm vorgestellt /14,15/.

Ausgehend von p-dotierten (100)-orientierten Siliziumscheiben wird zunächst das Aufwachsen des Feldoxides durch lokale Oxidation (LOCOS, Local Oxidation of Silicon) vorbereitet, indem während einer kurzen thermischen Oxidation ein Padoxid aufwächst. Das Oxid von nur 15 nm Dicke verhindert mechanische Spannungen zwischen dem Siliziumkristall und dem anschließend abgeschiedenen LPCVD-Nitrid, das als Sauerstoffdiffusionsmaske während der thermischen Oxidation dient. Das Nitrid wird mit der ersten Fotolackmaske, die sämtliche Aktivgebiete abdeckt, maskiert und z. B. im CHF_3/O_2-Plasma strukturiert.

Nach dem Ablösen des Fotolackes folgt direkt die zweite Fotolithografietechnik zur Definition der n-leitenden Bereiche in der bislang homogen dotierten Siliziumscheibe. Sie dienen als Substrat für die p-Kanal MOS-Transistoren. Der Dotierstoff Phosphor wird per Ionenimplantation durch die Maskenöffnungen in die Kristalloberfläche eingebracht. Dabei muss die Ionenenergie ausreichend hoch sein, um das Durchdringen der Nitridschicht zu gewährleisten, während über die implantierte Dosis die Leitfähigkeit und auch die Oberflächenkonzentration der späteren n-Wannen festgelegt wird. Nach der Implantation lässt sich der nun nicht mehr erforderliche Lack im Sauerstoffplasma ablösen.

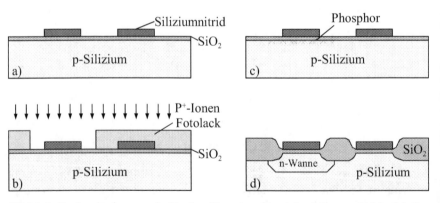

Bild 3.1: Technologiequerschnitt der Transistorbereiche bis zur Feldoxidation und Eindiffusion der n-Wanne

Im folgenden Hochtemperaturschritt bei ca. 1170°C diffundiert der implantierte Phosphor ca. 4 µm tief in den Kristall. Damit stehen nun neben dem p-leitenden Ausgangsmaterial auch n-leitende Wannen zur Aufnahme der p-Kanal MOS-Transistoren an der Kristalloberfläche zur Verfügung. Da während der Diffusion ein Sauerstoff enthaltender Gasstrom über die Scheiben streicht, wächst parallel zur Eindiffusion der Wanne gleichzeitig das Feldoxid in einer Dicke von ca. 700 nm außerhalb der Nitridmaskierung auf. Bild 3.1 zeigt Technologiequerschnitte durch die Siliziumscheibe bis einschließlich der kombinierten Diffusion und Feldoxidation.

Da das Siliziumnitrid infolge der hohen Temperatur in der Sauerstoffatmosphäre an der Oberfläche geringfügig oxidiert ist, muss es zum Ablösen zunächst im CHF_3/O_2- oder CF_4/O_2-Plasma angeätzt werden. Danach lässt sich das verbleibende Nitrid in kochender Phosphorsäure von der Oberfläche entfernen.

Die dritte Fototechnik maskiert die kompletten Wannenbereiche vor der Feldimplantation mit Bor zur Erhöhung der Schwellenspannung außerhalb der Aktivgebiete. Die Implantation erfolgt mit hoher Bestrahlungsenergie durch das Feldoxid hindurch und der eindringende Dotierstoff gleicht die segregationsbedingte Akzeptorverarmung an der Grenzfläche Silizium/Oxid aus.

Das Padoxid wird durch eine ganzflächige kurzzeitige Ätzung in gepufferter Flusssäure entfernt. Anschließend folgt eine erste Gateoxidation durch thermische Oxidation. Dieses Oxid beseitigt eventuelle Nitridablagerungen an der Kristalloberfläche, es dient gleichzeitig als Streuoxid bei der folgenden Dotierung zur Einstellung der Schwellenspannung.

Dazu wird das Element Bor mit geringer Energie durch das Gateoxid hindurch in die Oberfläche des Siliziums implantiert. Die Dosis wird so gewählt, dass die Transistorschwellenspannung 0,7 V für den späteren n-Kanal und -0,7 V für den p-Kanal Transistor beträgt. Außerhalb der Transistorbereiche durchdringen die Borionen das dicke Feldoxid nicht.

Das zuvor gewachsene erste Gateoxid muss in Flusssäure wieder entfernt werden, weil es keine ausreichende elektrische Stabilität aufweist. Folglich ist eine erneute Gateoxidation durch thermische Oxidation erforderlich.

Die nächsten Prozessschritte beinhalten die Polysiliziumabscheidung im LPCVD-Verfahren einschließlich seiner Dotierung durch eine POCl₃-Belegung. Die vierte Fototechnik legt darauf die Abmessungen der Gate-elektroden und Polysiliziumleiterbahnen fest, die im Trockenätzver-fahren selektiv zum Gateoxid in den Untergrund übertragen werden.

Es folgt bei maskierten Wannenbereichen die Implantation für die schwach dotierten Drain-Gebiete der n-Kanal Transistoren mit Arsen oder Antimon, anschließend wird bei inverser Lackmaskierung mit hoher Energie eine geringe Dosis Arsen als Offset-Implantation in die Aktivgebiete der p-Kanal Transistoren implantiert (Bild 3.2).

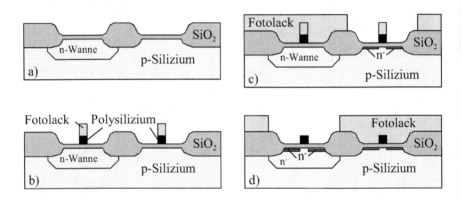

Bild 3.2: Querschnitte durch eine CMOS-Struktur: a) Gateoxidation, b) Polysiliziumabscheidung und Strukturierung, c) LDD-Implantation mit Antimon und d) Offset-Arsendotierung mit hoher Energie

Zur Vermeidung hoher Feldstärken müssen Abstandshalter, sogenannte Spacer-Strukturen, neben den Gateelektroden hergestellt werden. Dies kann über eine konforme TEOS-Oxidabscheidung, gefolgt von einer anisotropen Rückätzung der Schicht, gleichmäßig und reproduzierbar auf der gesamten Siliziumscheibe geschehen. Daran schließen sich selbst-justierend die Drain/Source-Implantationen, zunächst mit Bor für die p-MOS-Gebiete bei mit Fotolack maskierten Feld- und n-leitenden Bereichen, anschließend mit Arsen durch die zur vorhergehenden Maske inverse Fototechnik in die n-MOS-Gebiete.

Eine kurze thermische Oxidation restauriert das strahlengeschädigte Gateoxid in den Aktivgebieten, darauf kann das dotierte Zwischenoxid abgeschieden werden. Der Reflow-Prozess bei ca. 900°C lässt das Zwischenoxid verfließen, sodass keine scharfkantigen Stufen an der Scheibenoberfläche zurückbleiben. Danach werden die Kontaktlöcher zu den dotierten Gebieten durch Oxidätzen geöffnet.

Eine Titan-Titannitrid-Schichtfolge, die mit Hilfe der Kathoden-strahlzerstäubung durch reaktives Sputtern aufgebracht wird, verbessert die Kontakteigenschaften. Diese Schicht wird mit dem 1 μm dicken Aluminiumfilm als Verdrahtungsebene abgedeckt, dessen Strukturierung im Chlorplasma erfolgt.

Als letzte Prozessschritte folgen die PECVD-Schutzoxidabscheidung als Oberflächenpassivierung und das Öffnen der Anschlussflecken durch einen Trockenätzschritt. Anschließend stehen die mikroelektronischen Schaltungen zur Verfügung.

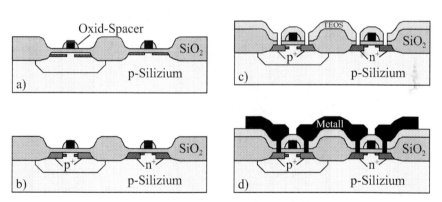

Bild 3.3: Querschnitte der Prozessfolge: a) Spacerherstellung, b) Drain und Source-Dotierungen, c) TEOS-Zwischenoxidabscheidung mit Öffnen der Kontakte und d) der vollständig zum Inverter verdrahtete p- und n-Kanal MOS-Transistor nach dem im Text beschriebenen Ablauf

Durch ergänzende Prozessschritte lassen sich weitere Schaltungs-elemente, z. B. Kondensatoren, Zehner-Dioden, Bipolar-Transistoren oder nichtflüchtige Speichertransistoren, in den Technologieablauf integrieren /16/, sodass dem Anwender eine Vielfalt an Möglichkeiten zur Realisierung der schaltungstechnischen Zielsetzung gegeben ist. Jedes dieser zusätzlichen Elemente erfordert zumindest einen weiteren Fotolithografieschritt und fast immer eine ergänzende Dotierung per Ionenimplantation.

Dagegen stehen in dieser Prozesstechnik keine tiefen pn-Übergänge als Ätzstopp für anisotrop wirkende Ätzlösungen zur Verfügung, sodass die Integration von Membranen oder anderen mikromechanischen Elementen ohne zusätzliche Dotierschritte nicht direkt möglich ist. Einzig die n-Wanne, die bis zu 5 µm tief in den Kristall hinein reicht, eignet sich zur elektrochemischen Ätzung dünner Membranen.

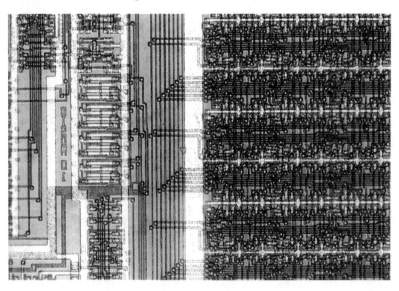

Bild 3.4: Ausschnitt einer integrierten Schaltung, hergestellt in 0,8 µm CMOS-Technik entsprechend des beschriebenen Ablaufs

3.1.2 Bipolare Integrationstechnik

Die Bipolar-Technologie zeichnet sich im Vergleich zur MOS-Technik durch die folgenden typischen Prozessmerkmale aus:

- vergrabene hochleitende Schichten dienen als Subkollektor zur Erniedrigung des Bahnwiderstandes;

- Einsatz von schwach dotierten Epitaxieschichten als aktives Halbleitermaterial zur Aufnahme der Funktionsdotierungen;

- lokale Dotierungen erfolgen durch oxidmaskierte Diffusionen anstelle von Ionenimplantationen;

- Polysilizium ist im Basisprozess nicht erforderlich und steht damit auch nicht als Verdrahtungsebene zur Verfügung;

- keine Selbstisolation durch sperrende pn-Übergänge;

- relativ geringe Packungsdichten, da flächenintensive umlaufende Isolationen notwendig sind;

- Lastwiderstände bestehen aus den Basis- oder Emitterdiffusionsgebieten;

- Kondensatoren werden mit Hilfe von Sperrschichtkapazitäten erzeugt; ihre Kapazität ist folglich immer spannungsabhängig.

Die weit verbreiteten Standard-Buried-Collector- (SBC-) Prozesse nutzen schwach p-leitende Siliziumscheiben als Substratmaterial zur Integration von npn-Transistoren. Bipolare Transistoren sind im Gegensatz zu MOS-Transistoren nicht selbstisolierend, sodass zur Trennung der einzelnen Schaltungselemente umlaufende Isolationen notwendig sind. In der hier vorgestellten Technik wird eine Oxidisolation der Transistorkollektoren erläutert, da diese im Vergleich zur Diffusionsisolation wesentlich höhere Integrationsdichten zulässt (Bild 3.5).

Da im Prozess zunächst keine Ätzschritte erfolgen, ist zwingend eine Verankerung von Justiermarken zur Ausrichtung der Fotomasken in der Scheibenoberfläche erforderlich. Folglich dient die erste fotolithografisch strukturierte Lackschicht als Ätzmaske zum Erzeugen von Referenzpunkten in Form von Stufen im Siliziumkristall.

Das zur lokalen Dotierung durch Diffusion benötigte Maskieroxid wächst thermisch in feuchter Atmosphäre ganzflächig auf der Siliziumscheibe auf. Es wird mit Fotolack als Maske nasschemisch in den Bereichen des späteren Subkollektors bis zur Substratoberfläche wieder zurückgeätzt. Die Dotierung verläuft als Diffusion mit Arsen in einem Hochtemperaturschritt. Bei ca. 1100°C diffundiert das Arsen in den Kristall ein und bildet lokal eine hochleitende Schicht als Subkollektor; anschließend erfolgt das vollständige Entfernen der Oxidmaske in gepufferter Flusssäurelösung.

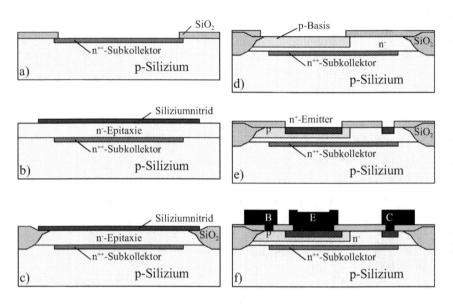

Bild 3.5: SBC-Bipolarprozess mit Oxidisolation der npn-Transistoren: a) Subkollektordiffusion, b) n⁻-Epitaxie, c) Herstellung der Oxidisolation durch lokale Oxidation, d) Basisdiffusion, e) Emitterdiffusion und f) das fertige Schaltungselement

Während einer Gasphasenepitaxie wächst ganzflächig eine schwach mit Phosphor dotierte kristalline Schicht in einer Dicke von 1-1,5 μm auf, die den hochleitenden Subkollektor „vergräbt". Sie dient den npn-Transistoren als n-leitende Kollektoren.

Zur Herstellung einer dielektrischen Isolation zwischen den Bipolar-Transistoren wird nach der Dotierung des Subkollektors und dem Aufbringen der Epitaxieschicht ein Padoxid aufoxidiert und mit Siliziumnitrid abgedeckt. Eine Fotolackschicht maskiert den Ätzprozess zum Entfernen des Nitrides im Isolationsbereich, so dass während der anschließenden lokalen thermischen Oxidation eine das Aktivgebiet seitlich einschließende, den Kollektor umgebende Oxidisolation entsteht, die durch die gesamte Epitaxieschicht reicht. Somit ist der n-leitende Kollektor vertikal über einen pn-Übergang zum Substrat und lateral durch die umlaufende Siliziumdioxidschicht vollständig von den benachbarten Schaltungselementen isoliert.

Das Siliziumnitrid lässt sich in kochender Phosphorsäure entfernen, anschließend kann an der Oberfläche die nächste Oxidmaske thermisch aufwachsen. Sie dient zur Herstellung der relativ schwach dotierten Basis. Hier diffundiert erneut das Element Bor in den Kristall ein, wobei die Tiefe der Diffusion und die Höhe der Dotierung wesentlichen Einfluss auf die Weite der aktiven Basis und damit auf die Verstärkung des Transistors nehmen.

In einem weiteren thermisch nass aufgewachsenen Oxid wird die Öffnung für die Emitterdiffusion oberhalb der Basis freigelegt, gleichzeitig erfolgt eine Oxidätzung für den Kollektoranschluss seitlich zur Basis. Die Emitterdiffusion mit Phosphor als Dotierstoff dringt ca. 0,3-0,5 µm in den Kristall ein. Während dieser Diffusion erfolgt auch eine starke n-Dotierung im Kollektorkontaktbereich zur besseren Kontaktierung der bislang schwach n-leitenden Kollektorepitaxieschicht. Die Weite der Transistorbasis lässt sich aus der Differenz der Eindringtiefen der Basis- und der Emitterdiffusionen bestimmen.

Für eine niederohmige Kontaktierung des hoch dotierten Subkollektors reicht die Tiefe der Emitterdiffusion als Kollektoranschluss nicht aus. In Leistungstransistoren wird deshalb eine zusätzliche, entsprechend tiefere Diffusion bis zum Subkollektor zur verbesserten Kontaktierung eingesetzt, die vor der Emitterdiffusion durchgeführt wird.

Die letzten Arbeitsschritte dienen der Kontaktierung und Verdrahtung der Einzelelemente. Zunächst wächst ganzflächig ein weiteres Oxid thermisch auf, in das mit Hilfe einer Fotolithografietechnik nasschemisch die Kontaktöffnungen geätzt werden. Da die pn-Übergänge sehr tief in den Kristall hineinragen, ist im Gegensatz zur MOS-Technik ein direkter Kontakt mit Aluminium möglich.

Im Aufdampfverfahren oder durch Sputterbeschichtung wird das Metall aufgebracht und mit Hilfe einer weiteren Fotolackmaske in Aluminiumätzlösung strukturiert. Zur Legierung der Kontakte folgt eine Temperung in N_2/H_2-Atmosphäre (Formiergas, 75 % N_2, 25 % H_2). Der Prozess schließt mit der Abscheidung einer Oberflächenpassivierung und dem Öffnen der Anschlussflecken.

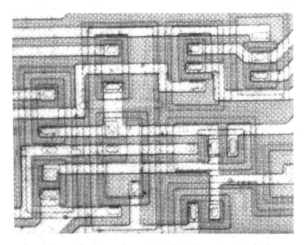

Bild 3.6: Foto eines Ausschnittes einer Bipolar-Transistorschaltung, erkennbar an den geschlossenen Isolationsringen

Dieser einfache Bipolarprozess ermöglicht die Integration von analogen und digitalen Schaltungen. Durch den Einsatz der Epitaxie zur Kollektorherstellung lassen sich pn-Übergänge oder hochdotierte Ätzstoppschichten ohne großen Aufwand im Prozess berücksichtigen, sodass mikromechanische Elemente wie Membranen mit integriert werden können.

3.2 Mikromechanik

Die Mikromechanik lässt sich entsprechend ihrer Prozesstechnik in Volumenmikromechanik und Oberflächenmikromechanik unterteilen. Die Volumenmikromechanik nutzt die einkristalline Siliziumscheibe als Werkstoff zur dreidimensionalen Strukturerzeugung, wobei die Ebenen des Kristalls den Ätzverlauf und damit die Geometrie der entstehenden

Elemente bestimmen. Membranen, Biegebalken, Gräben und Ventile werden durch anisotrope nasschemische Ätzung entlang der (111)-Kristallebenen definiert, folglich sind keine beliebig geformten Körper herstellbar. Gerundete Formen lassen sich nur durch die aufwändigeren Trockenätzverfahren in den Kristall integrieren, auch hier dient der Kristall selbst als Werkstoff für das Bauelement.

In der Oberflächenmikromechanik wird durch das Aufbringen und Strukturieren von Opferschichten und aktiven Lagen ein mechanisches Element hergestellt. Es besteht aus wenigen Mikrometer dicken, auf der Kristalloberfläche abgeschiedenen Schichten, die in der Regel aus polykristallinem Silizium bestehen. Das Opfermaterial wird im Verlauf der Integration durch hochselektives Ätzen entfernt, sodass Hohlräume entstehen, die lokal zum Ablösen der aktiven Schichten führen.

3.2.1 Volumenmikromechanische Grundstrukturen

Der Verlauf der Ätzfronten im Siliziumkristall hängt von der Lage der (111)-Ebenen und damit von der Oberflächenorientierung der Scheibe ab. Bild 3.7 zeigt die Ausrichtung der (111)-Ebenen relativ zum Flat in den gebräuchlichsten Orientierungen für Siliziumscheiben. Angedeutet ist ebenfalls ihr Verlauf in der Tiefe, wobei Schattierungen eine Unterätzung der Maskenöffnung andeuten, Linien dagegen eine abfallende Böschung kennzeichnen.

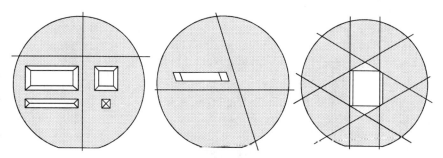

Bild 3.7: Lage der (111)-Ebenen und Ätzbegrenzungen in Siliziumscheiben mit (100)-, (110)- und (111)-Oberflächenorientierung

In (100)-orientierten Siliziumscheiben liegen die ätzungsbegrenzenden Ebenen symmetrisch zur Oberfläche und sind parallel bzw. senkrecht zum Primärflat der Scheibe ausgerichtet. Ihre Neigung zur Oberfläche beträgt 54,7°. Folglich treffen die (111)-Ebenen unter einem Winkel von 70,6° aufeinander.

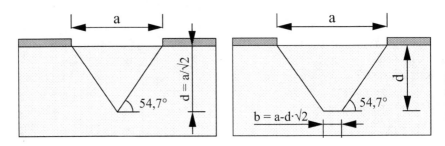

Bild 3.8: V-Grabentiefe bzw. Form der Trapezstruktur in Abhängigkeit von der Öffnungsbreite der Maskierung ($\tan(54,7°) \approx \sqrt{2}$)

Bei quadratischer Maskenöffnung entsteht durch anisotrope Ätzung eine Pyramide oder ein Kegelstumpf als Hohlraum in der Scheibe. Rechteckige Öffnungen führen bei paralleler oder senkrechter Ausrichtung zum Flat zu Trapezformen bzw. V-Gräben (Bild 3.8). Dabei wird die Ätztiefe durch die Breite der Maskenöffnung bestimmt bzw. im Fall großer Öffnungen durch die Ätzzeit festgelegt.

Wichtig ist die korrekte Ausrichtung der Maske zum Flat, da Abweichungen von der 0° bzw. 90°-Richtung zur Unterätzung der Maske bis zum Erreichen einer ätzungsbegrenzenden Ebene führen. Liegen die (111)-Ebenen exakt in x- und y-Richtung, und ist die Maskenöffnung der Weite *a·b* um z. B. *Δφ = 1,5°* fehljustiert zu diesen Richtungen, so wird die Fläche *(a+b·sinα)·(b+a·sinα)* freigeätzt (Bild 3.9).

Ein weiterer Effekt bewirkt eine Unterätzung von konvexen maskierenden Ecken. Während des Ätzens erscheinen (111)-Ebenen, die eine Außenkante bilden. An dieser Kante kann die Ätzlösung angreifen, indem die äußeren Atome der (111)-Ebenen abgetragen werden. Dadurch liegt an der Kante keine ätzungsbegrenzende Kristallebene mehr vor, folglich unterätzt die Lösung die Maskierung.

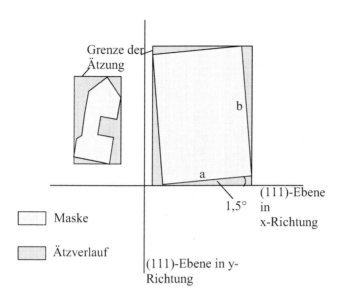

Bild 3.9: Ausrichtung der Ätzfront an den (111)-Ebenen bei Fehljustierung bzw. unregelmäßigen Strukturen

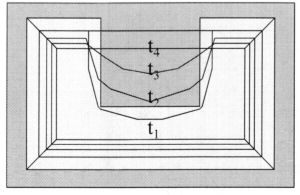

Bild 3.10: Verlauf des Ätzvorganges in (100)-Silizium an einer konvexen Maskierung in Abhängigkeit von der Ätzzeit

Einerseits lässt sich die von diesen Kanten ausgehende Unterätzung zur Erzeugung freitragender Strukturen nutzen (Bild 3.10), andererseits kann die Unterätzung bei der Integration von Mesastrukturen unerwünscht sein. Hier sind Kompensationsstrukturen zur Vermeidung einer Unterätzung möglich, die entsprechend der vorgesehenen Ätztiefe bzw. Ätzzeit ausgelegt werden müssen.

Freitragende Brücken entstehen ebenfalls durch Unterätzung. Entsprechend der Ausweitung von Maskenöffnungen zu Quadraten oder Rechtecken, deren Kanten parallel und senkrecht zum Flat verlaufen, lassen sich durch speziell geformte Maskierungen gezielt Unterätzungen erreichen. Bild 3.11 zeigt ein Beispiel für eine Brücke an der Oberfläche eines (100)-Siliziumkristalls. Allerdings lassen sich keine Brücken parallel zu den (110)-Richtungen erzeugen, da in diesem Fall die (111)-Ebenen jegliche Unterätzung verhindern.

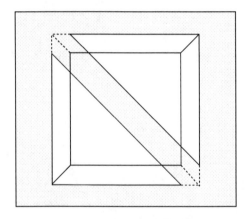

Bild 3.11: Unterätzung einer hochdotierten Brücke in (100)-Silizium nach langer Ätzzeit

Anwendungen finden diese einfachen Strukturen der Mikromechanik in der integrierten Optik. Der V-Graben eignet sich zur exakten Positionierung von Glasfasern zu integrierten Wellenleitern, quadratische Pyramidenstümpfe als Hohlräume bilden Fixierungen für Kugellinsen zur Strahlfokussierung in integriert-optischen Mikrosystemen.

Stege und Brücken werden in Frequenz-, Kraft-, Beschleunigungs- und Drehratensensoren eingesetzt. Auch in der Rastertunnel- und Rasterkraftmikroskopie befinden sich die Abtastspitzen heute auf speziell geätzten Siliziumstegen aus (100)-orientiertem Silizium.

(110)-orientierte Siliziumscheiben erlauben in einer speziellen Ausrichtung die Ätzung von tiefen Gräben senkrecht zur Oberfläche des Substrates. Eine geringe laterale Unterätzung der Maskenkante lässt sich auch hier nur bei exakter Ausrichtung der Maskenöffnung zu den Kristallebenen erzielen, anderenfalls verbreitern sich die Gräben und weisen raue Begrenzungen auf.

Weitere (111)-Ebenen durchstoßen unter einem Winkel von 70,5° zu den senkrecht zur Oberfläche verlaufenden (111)-Ebenen die Scheibenoberfläche. Sie sind um 35,3° gegenüber der Oberfläche geneigt, sodass aufgrund der relativ geringen Neigung nur in langen Gräben eine hohe Ätztiefe möglich ist.

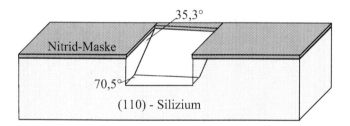

Bild 3.12: Ätzverlauf und Orientierung der (111)-Ebenen in einer Siliziumscheibe mit (110)-Oberfläche

Die Grabenstrukturen ermöglichen die Herstellung effektiver Kühlkörper aus dem thermisch gut leitenden Silizium. Eine weitere Anwendung des (110)-Siliziums ist in der Tintendrucktechnik zu finden, bei der die senkrechten Gräben als Tintenkanäle genutzt werden.

Siliziumscheiben mit (111)-Oberflächenorientierung weisen in den anisotrop wirkenden Ätzlösungen nur eine geringe Ätzrate auf, denn die

Oberfläche selbst begrenzt direkt den Ätzprozess. Dieser Effekt lässt sich zur exakten Oberflächendefinition benutzen, indem eine im Randbereich maskierte Scheibe in die Ätzlösung getaucht wird. Nach langer Ätzzeit wird die freiliegende Fläche exakt die (111)-Orientierung aufweisen, denn jegliche Fehljustierung wird von der Ätzlösung beseitigt.

(111)-Ebenen schließen im Silizium einen Winkel von 70,5° zueinander ein. Folglich lassen sich in der Tiefe des Kristalls weitere, die Ätzung begrenzenden, Ebenen finden, die allerdings nicht direkt zugänglich sind. Um die anisotrope Ätzung im (111)-Silizium zu nutzen, muss zunächst im Trockenätzverfahren oder mit isotrop wirkender Ätzlösung eine Öffnung in den Kristall geätzt werden. Ausgehend von dieser Öffnung wird die anisotrop wirkende Lösung seitlich bis zu den (111)-Ebenen weiter ätzen, allerdings nimm die Tiefe der Öffnung nicht mehr zu. Bild 3.13 zeigt die Form einer in (111)-Silizium geätzten Struktur nach einer senkrechten Vorätzung im RIE-Verfahren.

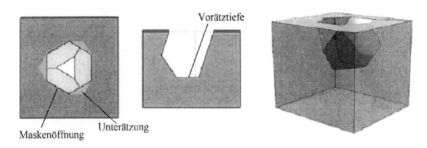

Bild 3.13: Lage der den Ätzprozess begrenzenden Ebenen in (111)-orientierten Siliziumscheiben /17/

3.2.2 Oberflächenmikromechanik

In der Oberflächenmikromechanik dient die Siliziumscheibe nur als Träger für aufgebrachte Schichten; sie könnte grundsätzlich durch ein anderes thermisch und mechanisch geeignetes Substrat ersetzt werden. Trotzdem wird fast ausschließlich Silizium eingesetzt, da es einerseits als kostengünstiges Material zur Verfügung steht, andererseits wegen seiner hohen Reinheit nicht zur Verunreinigung der aufwändigen Anlagen der

Halbleiterprozesstechnik führt. Ein weiterer wichtiger Grund für die mikrosystemtechnischen Anwendungen von Silizium in der Oberflächen- mikromechanik ist die Möglichkeit zur Integration von elektronischen Komponenten, die z. B. bei Glassubstraten nicht gegeben ist.

Die Oberflächenmikromechanik nutzt Opfer- und Aktivschichten, die abwechselnd auf das Substrat aufgebracht und strukturiert werden. Als Opferschicht ist Siliziumdioxid weit verbreitet, denn es lässt sich hochselektiv zu anderen Materialien mit großer Ätzrate nasschemisch abtragen. Hinzu kommen die thermische Stabilität und die Verträglich- keit des Materials mit der MOS-Technologie.

Als aktive Schicht wird hauptsächlich polykristallines Silizium, abge- schieden aus der Gasphase im LPCVD-Verfahren, genutzt. Es weist vergleichbare Eigenschaften wie das kristalline Silizium auf, ist einfach zu strukturieren und kann in der Leitfähigkeit über die Dotierung verändert werden. Ein weiterer Vorteil ist die hochgradig konforme Kantenbedeckung der abgeschiedenen Schichten.

Siliziumnitrid als weiteres hochreines, mechanisch stabiles und gegen- über vielen Säuren und Laugen resistentes Material wird als Aktiv- oder Maskierschicht genutzt. Insbesondere eignet es sich als Membranmaterial für Anwendungen, bei denen eine geringe thermische Leitfähigkeit gefordert ist.

Der typische Prozessablauf in der Oberflächenmikromechanik ist in Bild 3.14 dargestellt. Auf einem strukturierten Oxidfilm wird zur Erzeugung einer freitragenden Brücke ein dicker Polysiliziumfilm abgeschieden. Nach der Strukturierung des Polysiliziums mithilfe einer Lackmaske lässt sich das Oxid nasschemisch in Flusssäurelösung entfernen, dabei werden weder der Siliziumträger noch das Polysilizium angegriffen. Folglich bleibt eine freitragende Brücke aus polykristallinem Silizium auf dem Substrat zurück.

Um die Ätzzeit zum Entfernen des Oxids unter großen Polysilizium- flächen klein zu halten, werden gezielt platzierte Poren in die spätere freitragende Struktur eingebaut. Durch diese Öffnungen erfolgt der Ätzangriff auf die vergrabene Opferschicht von vielen Punkten aus gleichzeitig, sodass selbst ausgedehnte Flächen in vertretbarer Zeit freigelegt werden können.

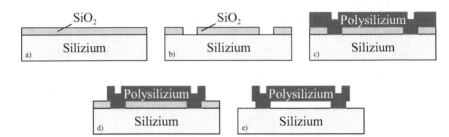

Bild 3.14: Prozessablauf in der Oberflächenmikromechanik: a) Abscheiden eines Opferoxidfilms, b) Strukturierung des Oxids, c) Abscheiden des polykristallinen Siliziums, d) Ätzen des Polysiliziums, und e) freitragende Siliziumbrücke durch Entfernen des Opferoxides

Nach dem nasschemischen Entfernen der Hilfsschicht und dem Trocknen der Scheiben ist häufig ein Anhaften des Polysiliziumfilms auf dem Untergrund zu beobachten. Infolge der Oberflächenspannung des Wassers, das zum Abspülen der Ätzlösung verwendet wird, legt sich der freitragende Film während des Trocknens auf das Substrat und haftet dort an („sticking"). Die Verbindung lässt sich nachträglich nicht mehr lösen, sodass der Effekt von vorn herein unterbunden werden muss, um funktionsfähige Strukturen zu erhalten.

Eine einfache, aber nicht immer erfolgreiche Methode, ist der Austausch des Wassers zum Ende des Spülprozesses gegen Alkohol. Alkohol weist eine geringere Oberflächenspannung auf, folglich wirken nur geringe Kräfte auf die freitragende Struktur. Für Elemente mit schwacher Federkraft unterliegen trotzdem noch dem Sticking.

Alternativ kann auch der Ätzprozess zum Entfernen des Opferoxids modifiziert werden, indem nur der Dampf der Flusssäurelösung auf die Scheibe gelenkt wird. Dieser reicht zum Ätzen des Opferoxides bei stark reduzierter Ätzrate aus. Die Scheibe muss dabei zur Vermeidung von Kondensation aufgeheizt werden, sodass keine flüssige Phase an die Scheiben gelangt.

Reicht die Ätzrate nicht aus und muss somit nasschemisch geätzt werden, so lässt sich zur Reduktion der Oberflächenspannung der Prozess der „superkritischen Trocknung" einsetzen. Dabei wird die Spülflüssigkeit am Ende des Spülprozesses durch flüssiges Kohlendioxid ausgetauscht.

Anschließend folgt eine Druckerhöhung zur Überführung des CO_2 in den überkritischen Zustand auf über 73 bar bei 31°C, sodass der Phasenübergang flüssig-gasförmig vermieden wird und somit keine Kapillarkräfte auftreten können.

3.2.3 Trockenätzverfahren in der Mikromechanik

Im Gegensatz zu den anisotrop wirkenden nasschemischen Ätzlösungen tragen die Trockenätzverfahren das Material unabhängig von seiner Kristallstruktur und Orientierung ab. Aufgrund des einstellbaren Ätzverhaltens bezüglich der Anisotropie und Selektivität ist es durch eine Kombination verschiedener Ätzprozesse möglich, in einem Kristall bewegliche Strukturen zu integrieren. Bild 3.15 zeigt den prinzipiellen Ablauf eines Verfahrens zur Erzeugung von Stegen oder Brücken.

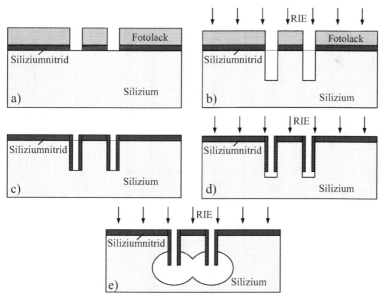

Bild 3.15: Trockenätztechnik zur Erzeugung von freitragenden Elementen: a) Nitridätzung b)anisotrope Tiefenätzung, c) konforme Nitridabscheidung und Rückätzung zur Flankenpassivierung, d) Erhöhung der Ätztiefe und e) isotrope Ätzung zum Lösen des Steges

Für die Herstellung der Stege und Membranen ist eine ätzresistente Maskierschicht zusätzlich zur Lackmaske erforderlich. Diese kann z. B. aus Siliziumnitrid bestehen, das ganzflächig abgeschieden wird. Eine Fototechnik legt darauf die freizuätzenden Gräben der Struktur frei. Es folgt eine anisotrope Tiefenätzung, die zunächst das Nitrid abträgt und anschließend möglichst senkrecht in das Silizium hinein ätzt. Hierzu bieten sich das „Black Silicon"- oder das ASE™-Verfahren an. Die Ätztiefe muss der gewünschten Dicke des Steges plus der halben Stegbreite entsprechen.

Während des isotropen Ätzens zum Lösen des Steges vom Untergrund darf kein Materialabtrag an den Grabenwänden mehr erfolgen, folglich ist eine Passivierung an den vertikalen Flächen notwendig. Sie lässt sich über eine konforme Nitridabscheidung erreichen, die in ihrer Schichtdicke direkt nach der Deposition wieder anisotrop zurückgeätzt wird, sodass am Ende dieses Ätzschrittes der Boden des Grabens wieder freiliegt.

Anschließend kann direkt die isotrope Siliziumätzung durchgeführt werden, allerdings lösen sich die Stege schneller vom Untergrund, wenn ein kurzer anisotroper Ätzschritt die Gräben über die Tiefe der Wandpassivierung hinaus verlängert. Die isotrope Ätzung mit SF_6 führt im letzten Schritt zur Ausbildung von gleichmäßigen kugelförmigen Hohlräumen, deren Radien mit der Ätzzeit zunehmen. Bei Erreichen der halben Stegbreite wachsen die Hohlräume zusammen, der Steg ist vollständig vom Untergrund gelöst.

Nach dem gleichen Verfahren lassen sich nicht nur Stege, sondern auch Flächen vom Untergrund lösen. Ein Beispiel ist die Integration einer Oxidmembran auf einem Siliziumkristall. Das Verfahren kann aber auch auf Siliziummembranen angewendet werden.

Ausgangslage ist eine dicke Siliziumdioxidschicht auf einem Siliziumsubstrat. Per Fototechnik werden auf der Oberfläche in Matrixanordnung kleine Öffnungen mit geringem Abstand untereinander definiert und durch anisotropes Ätzen in den Untergrund übertragen. Die Ätzung stoppt erst bei Erreichen des Siliziums. Anschließend folgt der isotrope Trockenätzschritt, um das unter dem Oxid vergrabene Silizium zu entfernen. Im Plasma- oder reaktivem Ionenätzverfahren mit SF_6 ätzt das Gas durch die feinen Öffnungen hindurch das Silizium richtungsunabhängig, sodass Hohlräume entstehen, die schließlich nach intensiver Ätzung zusammenwachsen.

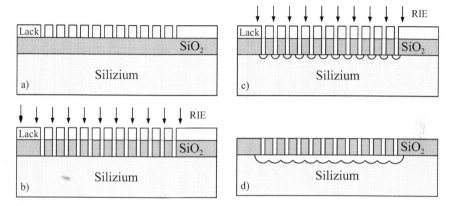

Bild 3.16: Membranen, hergestellt durch Trockenätzen von Siliziumdioxid und Silizium: a) Array von Löchern im Fotolack auf einer Oxidschicht, b) anisotrope Siliziumdioxidätzung, c) isotrope Siliziumätzung und d) Zusammenwachsen der Hohlräume zu einer Kavität

Infolge der hohen Selektivität des Ätzverfahrens zu Oxid bleibt die Membran in ihrer Stärke nahezu unverändert. Sie weist jedoch eine hohe Dichte an Poren in ihrer Oberfläche auf, die eine Anwendung als Druckmembran ausschließen. Allerdings lassen sich die Poren durch eine konforme Abscheidung, beispielsweise im PECVD-Verfahren, wieder verschließen, sodass mithilfe des Trockenätzverfahrens und der konformen Abscheidung die Herstellung von geschlossenen Membranen möglich ist.

Aufgrund der unterschiedlichen thermischen Ausdehnungskoeffizienten stehen Membranen aus Siliziumdioxid, das thermisch auf Silizium gewachsen ist, unter mechanischem Druck, denn das Silizium zieht sich während des Abkühlens von der Oxidationstemperatur bei ca. 1000°C um den Faktor 5 bis 9 mal stärker zusammen. Kompensationsstrukturen zur Aufnahme der Spannung sind für stabile Membranen zwingend erforderlich.

3.2.4 Berechnung mechanischer Grundstrukturen

Druck- und Beschleunigungssensoren nutzen die hervorragenden mechanischen Eigenschaften des Siliziums aus. Zur mathematischen Beschreibung der Auslenkung eines Biegebalkens, der in Beschleunigungssensoren eingesetzt wird, oder einer Membran für den Einsatz in Drucksensoren stehen heute Computerprogramme zur Verfügung, die teils auf analytischen Modellen, teils auf numerischen Verfahren beruhen. Im Folgenden sollen die grundlegenden Modelle zur Berechung der Auslenkung von Stegen und Membranen vorgestellt werden.

3.2.4.1 Einseitig befestigter Biegebalken

Der einseitig befestigte Biegebalken dient als Berechnungsgrundlage für die Auslenkung einer trägen Masse in einem Beschleunigungssensor. Dabei wird zur Vereinfachung eine Punktmasse am Ende des Balkens angenommen.

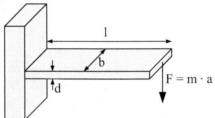

Bild 3.17: Balkengrößen zur Berechung der mechanischen Spannung σ_m in Abhängigkeit von der wirkenden Beschleunigung

Das Trägheitsmoment J des Balkens ist gegeben durch seine äußeren Abmessungen, der Breite b und der Dicke d:

$$J = \frac{b\,d^3}{12} \qquad (3.1)$$

Die am Ende des Balkens der Länge l angreifende Kraft F bewirkt ein Biegemoment M. Die Kraft entsteht z. B. aufgrund der Beschleunigung a der Masse m, sodass für das Biegemoment gilt:

$$M = F\, l = m\ a\ l \qquad (3.2)$$

Die mechanische Spannung σ_m an der Oberfläche des Biegebalkens ist gegeben durch:

$$\sigma_m = \frac{dM}{2J} \qquad (3.3)$$

Es folgt damit der Zusammenhang:

$$\sigma_m = \frac{6\,ml}{bd^2}\, a = c_1\, a \qquad (3.4)$$

Im kristallinen Halbleiter ist die Änderung des spezifischen elektrischen Widerstandes ρ aufgrund des piezoresistiven Effektes, beschrieben durch die richtungsabhängigen Koeffizienten Π, linear mit der mechanischen Spannung verknüpft, d. h.

$$\frac{\Delta \rho}{\rho} = \Pi\, \sigma_m \qquad (3.5)$$

Folglich lässt sich die Widerstandsänderung in einem integrierten piezoresistiven Beschleunigungssensor, bestehend aus einer trägen Masse an einem eingespannten Steg, entsprechend Gleichung (3.6) beschreiben:

$$\frac{\Delta R}{R} = c_2\ a \qquad (3.6)$$

Die Widerstandsänderung ist folglich linear mit der wirkenden Beschleunigung verknüpft.

3.2.4.2 Mechanische Spannungen in einer Membran

Piezoresistive Drucksensoren nutzen eine allseitig eingespannte runde oder quadratische Membran, deren Dicke erheblich geringer als ihr Durchmesser ist. Infolge einer Druckdifferenz zwischen der Membranvorder- und rückseite biegt sich die Membran, sodass einerseits eine

Auslenkung des Zentrums aus der Ruhelage erfolgt, andererseits aber auch mechanische Spannungen im Halbleitermaterial aufgebaut werden. Speziell im Einspannungsbereich ist die an der Membranoberfläche resultierende Dehnung ε besonders ausgeprägt. Ihre Berechnung dient zur Bestimmung einer geeigneten Position für piezoresistive Widerstände an der Membranoberfläche; sie erfolgt auf den Grundlagen der Kirchhoff'schen Plattentheorie /18/.

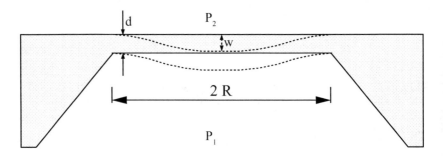

Bild 3.18: Definition der Größen einer Membran der Dicke d mit Radius R zur Berechnung der Auslenkung w bei einer Druckdifferenz p_2-p_1

Für eine kreisrunde Membran der Dicke d, die entlang des Radius R eingespannt ist (Bild 3.18), gilt für die Dehnung in radialer Richtung von der Membranmitte aus betrachtet bei einem Elastizitätsmodul E und einer Querkontraktionszahl v:

$$\epsilon_r(r) = \frac{3}{8E}(\frac{R}{d})^2 [(1+v)-(3+v)(\frac{r}{R})^2](p_2-p_1) \qquad (3.7)$$

In tangentialer Richtung gilt entsprechend:

$$\epsilon_t(r) = \frac{3}{8E}(\frac{R}{d})^2 [(1+v)-(1-3v)(\frac{r}{R})^2](p_2-p_1) \qquad (3.8)$$

Die Dehnung ist in beiden fällen proportional zur Druckdifferenz Δp = p_2 - p_1. Die Auslenkung w der Membran im Zentrum ergibt sich zu:

$$w = \frac{3}{16} \frac{R^4}{d^3} \frac{(1-v^2)}{E} (p_2 - p_1) \tag{3.9}$$

Über das Hook'sche Gesetz sind die mechanische Spannung σ_m und die Dehnung ε miteinander verbunden:

$$\epsilon = \frac{\Delta l}{l} = \frac{\sigma_m}{E} \tag{3.10}$$

sodass mit Gleichung (3.5) die Änderung des spezifischen Widerstandes in einer Halbleitermembran bei mechanischer Verspannung berechnet werden kann:

$$\frac{\Delta \rho}{\rho} = \Pi \, E \, \epsilon =: K \, \epsilon \tag{3.11}$$

Der K-Faktor folgt in Analogie zum Dehnungsmessstreifen, allerdings kann er im Silizium für bestimmte Orientierungen und Dotierungen des Kristalls Werte über 100 annehmen.

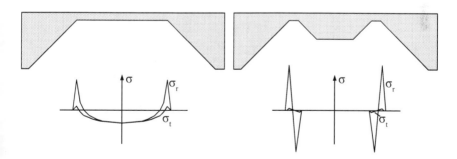

Bild 3.19: Vergleich der radialen und tangentialen Spannungen in einer einfachen und einer biegesteifen Membran

Die maximale Dehnung in einer Membran tritt entlang der Einspannung bzw. der Befestigung am massiven Material auf, folglich müssen die piezoresistiven Widerstände für hohe Empfindlichkeiten des Drucksensors am Rand der Membran angeordnet werden. Des Weiteren ist die radiale stärker als die tangentiale Dehnung, sodass die Widerstände entsprechend ausgerichtet werden sollten.

Um die mechanischen Spannungen bei gegebener Membrangröße zu erhöhen, wird häufig eine biegesteife Membran eingesetzt. Diese weist nur entlang der Einspannung eine dünnwandige Befestigung auf, im Zentrum dagegen ist die Dicke vergleichsweise groß. Bild 3.19 zeigt den Aufbau der Membran mit dem zugehörigen Spannungsverlauf bei Druckeinwirkung im Vergleich zur homogenen Membran.

3.3 Integrierte Optik

Die integrierte Optik mit Glas- oder $LiNbO_3$-Substraten dominiert die Informationstechnik auf dem Gebiet der Datenübertragung, z. B. mit einfachen Wellenleiterstrukturen zur Strahlaufteilung und Signalkopplung, Modulatoren oder Dispersionskompensatoren. Dagegen sind optische Komponenten auf Siliziumbasis trotz Kostenvorteilen bei der Herstellung bisher noch nicht weit verbreitet.

Insbesondere der fehlende elektrooptische Effekt im Silizium verhinderte lange Zeit die Integration aktiver Bauelemente. Allerdings sind in den letzten Jahren verschiedene Ansätze für schnelle Modulatoren mit Mach-Zehnder-Interferometern gefunden und experimentell verifiziert worden, sodass optisch aktive Elemente in Silizium zukünftig an Bedeutung gewinnen werden.

Die integrierte Optik auf Silizium lässt sich in den Spektralbereich der sichtbaren bis einschließlich der nahen infraroten Strahlung für Sensoranwendungen und in die für die optische Datenübertragung relevanten Wellenlängen zwischen 1350 nm und 1550 nm unterteilen. Das langwellige Licht lässt sich in Wellenleitern aus Silizium, die von Oxid umgeben sind, führen, da Silizium oberhalb einer Wellenlänge von etwa 1100 nm transparent ist. Für kürzere Wellenlängen eignen sich die dielektrischen Schichten der MOS-Technologie als wellenführende Filme.

3.3.1 Theorie der Wellenleitung

3.3.1.1 Strahlenoptische Betrachtung

Das einfachste Modell der Führung elektromagnetischer Wellen in einem Film basiert auf der strahlenoptischen Betrachtung der Lichtausbreitung in Medien unterschiedlicher optischer Dichte.

Trifft ein Lichtstrahl vom optisch dichteren Medium mit dem Brechungsindex n_1 kommend unter einem Winkel Θ_1 auf die Grenzfläche zum Medium mit der Brechzahl n_2, so entstehen ein reflektierter und ein den Übergang transmittierender, gebrochener Strahl (vgl. Bild 3.20). Für den transmittierenden Teilstrahl gilt das Snelliussche Brechungsgesetz

$$n_1 \cos\theta_1 = n_2 \cos\theta_2 \qquad (3.12)$$

Ab einem kritischen Einfallswinkel Θ_c, gegeben durch $\Theta_2 = 0$, folgt die Beziehung

$$\theta_c = \arccos\frac{n_2}{n_1} \qquad (3.13)$$

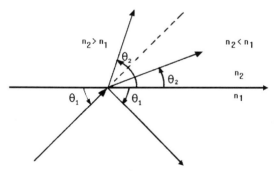

Bild 3.20: Definition der Größen zur Beschreibung der einzelnen Teilstrahlen an der Grenzfläche von zwei Medien unterschiedlicher optischer Dichte

Es tritt Totalreflexion an der Grenzfläche auf, d. h. sämtliche auf die Grenzfläche auftreffende Intensität wird ohne Verluste zurückgestrahlt und der gebrochene Anteil verschwindet vollständig. Der Reflexionskoeffizient R ist im Fall der Totalreflexion komplex, die elektromagnetische Welle erfährt damit einen Phasensprung an der Grenzfläche. Eine Führung des Lichtes im Wellenleiter kann nur auftreten, wenn an allen seinen seitlichen Begrenzungen parallel zur Ausbreitungsrichtung Totalreflexion auftritt, so dass keine Intensität durch Transmission verloren geht.

Damit lässt sich die Ausbreitung einer elektromagnetischen Welle in Schichten, deren Abmessungen gegenüber der Wellenlänge des Lichtes sehr groß sind, ausreichend genau erklären. Unterhalb eines kritischen Einfallswinkels $|\Theta_l| < \Theta_C$, festgelegt durch die Brechzahlen der verwendeten Materialien, sind quasi alle Werte für Θ_l erlaubt; es tritt in jedem Fall eine Lichtführung auf. Mit abnehmenden geometrischen Größen des Wellenleiters wird jedoch eine wellenoptische Modellierung der Ausbreitung notwendig, speziell für Wellenlängen, deren Abmessungen vergleichbar mit den Maßen des lichtführenden Schichtsystems sind.

3.3.1.2 Wellenoptische Betrachtung

Die Ausbreitung elektromagnetischer Wellen in optischen Filmen wird anhand der Sonderfälle der transversal-elektrisch (TE-) und transversal-magnetisch (TM-) polarisierten ebenen Lichtwellen betrachtet, denn jeder andere Polarisationszustand lässt sich durch Superposition aus diesen beiden Grundzuständen darstellen. Zur Definition der Größen sei auf Bild 3.21 verwiesen.

Die elektrischen und magnetischen Feldkomponenten E und H sind dabei über den Feldwellenwiderstand z, gegeben durch:

$$z = \frac{1}{n}\sqrt{\frac{\mu_0}{\epsilon_0}} \qquad (3.14)$$

miteinander verbunden:

$$|\vec{H}| = \frac{|\vec{E}|}{z} \qquad (3.15)$$

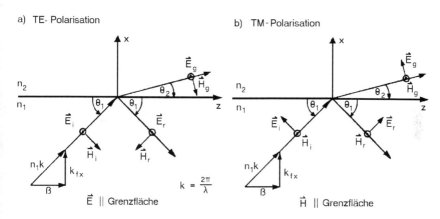

Bild 3.21: Definition der einzelnen Komponenten für die wellenoptische Betrachtung der Lichtausbreitung am Übergang vom optisch dichteren zum dünneren Medium

Für den Fall der TE-Polarisation ergibt sich unter Berücksichtigung der Orthogonalität der einander zugehörigen Raumkomponenten des E- und H-Vektors für die drei Ausbreitungsrichtungen:

- einfallende Welle:

$$H^i_x = |\vec{H}_i| \cos\theta_1 = -E^i_y \cos\theta_1 \frac{n_1}{\sqrt{\mu_0/\epsilon_0}} \qquad (3.16)$$

$$H^i_z = |\vec{H}_i| \sin\theta_1 = E^i_y \sin\theta_1 \frac{n_1}{\sqrt{\mu_0/\epsilon_0}} \qquad (3.17)$$

- reflektierte Welle:

$$H^r_x = |\vec{H}_r| \cos\theta_1 = -E^r_y \cos\theta_1 \frac{n_1}{\sqrt{\mu_0/\epsilon_0}} \qquad (3.18)$$

$$H_z^r = \left|\vec{H}_r\right| \sin\theta_1 = E_y^r \sin\theta_q \frac{n_1}{\sqrt{\mu_0/\epsilon_0}} \qquad (3.19)$$

- gebrochene Welle:

$$H_x^g = \left|\vec{H}_g\right| \cos\theta_2 = -E_y^g \cos\theta_2 \frac{n_2}{\sqrt{\mu_0/\epsilon_0}} \qquad (3.20)$$

$$H_z^g = \left|\vec{H}_g\right| \sin\theta_2 = -E_y^g \sin\theta_2 \frac{n_2}{\sqrt{\mu_0/\epsilon_0}} \qquad (3.21)$$

Die Stetigkeitsbedingungen der Tangentialkomponenten in der Ebene x = 0:

$$E_y^i = E_y^r + E_y^g \qquad (3.22)$$

$$H_z^i = H_z^r + H_z^g \qquad (3.23)$$

ergeben zusammen mit dem Snelliusschen Brechungsgesetz für den Reflexionsfaktor r_{TE}:

$$r_{TE} = \frac{\sin\theta_1 - \sqrt{\left(\dfrac{n_2}{n_1}\right)^2 - \cos^2\theta_1}}{\sin\theta_1 + \sqrt{\left(\dfrac{n_2}{n_1}\right)^2 - \cos^2\theta_1}} \qquad (3.24)$$

Im Fall der Totalreflexion ist $|r_{TE}| = 1$ und $(n_2/n_1)^2 - cos^2\Theta_1 < 0$, die Lichtwelle erfährt eine Phasendrehung:

$$\Psi_{TE} = 2 \arctan\left(\frac{\sqrt{\cos^2\theta_1 - \left(\dfrac{n_2}{n_1}\right)^2}}{\sin\theta_1}\right) \qquad (3.25)$$

Auf dem gleichen Lösungsweg lässt sich für eine TM-polarisierte Lichtwelle der Reflexionsfaktor r_{TM} berechnen:

$$r_{TM} = \frac{(\frac{n_2}{n_1})^2 \sin\theta_1 - \sqrt{(\frac{n_2}{n_1})^2 - \cos^2\theta_1}}{(\frac{n_2}{n_1})^2 \sin\theta_1 + \sqrt{(\frac{n_2}{n_1})^2 - \cos^2\theta_1}} \qquad (3.26)$$

woraus sich die Phasendrehung bei Totalreflexion ergibt:

$$\Psi_{TM} = 2\arctan\left(\frac{(\frac{n_2}{n_1})^2 \sqrt{\cos^2\theta_1 - (\frac{n_2}{n_1})^2}}{\sin\theta_1}\right) \qquad (3.27)$$

Im unsymmetrischen planaren Wellenleiter, wie er in der Integrierten Optik typischerweise verwendet wird, erfordert die Wellenausbreitung in z-Richtung konstruktive Interferenz bei der Totalreflexion an den Grenzflächen der einzelnen Medien, d. h. die Welle muss TE- oder TM-polarisiert sein. Die Phasendrehung bezüglich der z-Achse, gegeben durch:

$$\beta z = n_1 k \cos\theta_1 \qquad (3.28)$$

verläuft harmonisch. Sie muss für konstruktive Interferenz folglich nur ein Vielfaches von 2π entlang des Weges bezüglich der x-Achse sein. Dies führt zu der Bedingung:

$$-2 d k_x + \Psi_{12} + \Psi_{13} = -2 m\pi \quad \textit{für } m = 1, 2, \dots \qquad (3.29)$$

mit $\psi_{12,13}$ als Phasendrehungen an der unteren bzw. oberen Grenzfläche des wellenleitenden Films. Daraus folgt für eine gegebene Schichtdicke d bei der Wellenlänge λ:

$$\lambda = 2\pi/k \qquad (3.30)$$

der oder die zulässigen Einfallswinkel Θ_l für ein bestimmtes m, der Modenzahl.

$$d\,n_1\,k\sin\theta_1=\frac{1}{2}(\Psi_{12}+\Psi_{13})-m\pi \qquad (3.31)$$

Zur Veranschaulichung des Begriffes der Modenzahl ist die transversale Feldverteilung einer geführten elektromagnetischen Welle in Bild 3.22 dargestellt. Diese Überlegungen gelten für Filmwellenleiter, im Fall der Rippenwellenleiter muss eine entsprechende Betrachtung der lateralen Lichtführung durchgeführt werden.

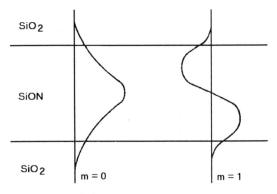

Bild 3.22: Transversale Feldverteilung im Wellenleiter in Abhängigkeit von der Modenzahl m

3.3.2 Wellenleiter für den sichtbaren Spektralbereich

Lichtwellenleiter bestehen aus einem hochbrechenden Kern, der von einem schwächer brechenden Mantel umgeben ist. Zum Aufbau eines integrierten Wellenleiters bieten sich im Materialsystem der Silizium-Halbleitertechnologie die üblichen dielektrischen Schichten aus Siliziumdioxid, Siliziumoxinitrid und Siliziumnitrid sowie in Ausnahmefällen auch Aluminiumoxid oder Aluminiumnitrid an. Tabelle 3.1 zeigt die charakteristischen Eigenschaften dieser Materialien.

Tabelle 3.1: Vergleich der physikalischen Parameter gebräuchlicher Materialien für die integrierte Optik auf Silizium

	Brechungs-index	Dichte $[g/cm^3]$	Dielektri-zitätszahl	therm. Expan-sionskoeffi-zient $[10^{-6}]$	Wärmeleit-fähigkeit $[W/K\,m]$
AlN	2,0-2,1	3,26	10	3,4	160
Al_2O_3	1,67	3,98	9,4	5,4	0,5
Si_3N_4	2,02	3,1	7	0,8	0,19
SiO_2	1,46	2,5	3,9	0,55	0,01
SiON	1,46...2,02	2,5...3,1	3,9...	0,55...0,8	0,01...0,19
Silizium	3,8	2,27	11,8	2,33	1,57

Das Material mit der geringsten Brechzahl ist Siliziumdioxid, folglich sollte dieses zur Ummantelung des Wellenleiterkerns genutzt werden. Der Kern selbst muss den Anforderungen der Anwendung angepasst sein. Für kleine Krümmungsradien der Wellenleiter ist ein großer Brechungsindexsprung zum Mantel erforderlich, dagegen erfordern Koppelstrukturen eine schwache Lichtführung, d. h. einen geringen Indexkontrast zwischen Kern und Mantel.

Um beiden Bedingungen gerecht werden zu können, ist ein einstellbarer Brechungsindex wünschenswert. Dies lässt sich mit Siliziumoxinitrid (SiON) als wellenführendem Medium erreichen. Siliziumoxinitrid ist die Bezeichnung für SiO_xN_y, also einem Siliziumdioxidfilm, bei dem ein Teil der Sauerstoffatome durch Stickstoffatome ersetzt wurde.

SiON lässt sich sowohl im LPCVD- als auch im PECVD-Verfahren abscheiden. Aufgrund der erheblich geringeren Prozesstemperatur ist das PECVD-Verfahren für Anwendungen in der integrierten Optik deutlich besser geeignet. Absorptionsverluste durch den hohen Wasserstoffgehalt der Schichten sind im sichtbaren Spektralbereich vernachlässigbar.

Die CVD-Abscheidung von SiON orientiert sich an der Silizium-nitridabscheidung. Siliziumnitrid wird als LPCVD-Schicht bei ca. 800°C oder im PECVD-Verfahren bei ca. 350°C abgeschieden, wobei als

Quellgase Dichlorsilan oder Silan und Ammoniak verwendet werden. Der Prozess entspricht den folgenden Reaktionsgleichungen:

$$3\ SiH_2Cl_2 + 4\ NH_3 \longrightarrow Si_3N_4 + 6\ HCl + 6\ H_2 \tag{3.32}$$

$$3\ SiH_4 + 4\ NH_3 \longrightarrow Si_3N_4 + 12\ H_2 \tag{3.33}$$

Wird während der Schichtdeposition zu diesen Gasen kontrolliert reiner Sauerstoff oder Lachgas (N_2O) zugeführt, so ersetzen die Sauerstoff-atome teilweise den Stickstoff in der abgeschiedenen Schicht; dies führt zu einer Brechungsindexreduktion. Mit wachsender Sauerstoffkonzen-tration sinkt der Brechungsindex bei der Wellenlänge $\lambda = 633$ nm von 2,02 für reines Nitrid auf etwa 1,46 für reines Oxid, wobei sich sämtliche Zwischenwerte kontinuierlich durch das Gasgemisch einstellen lassen.

$$2\ SiH_2Cl_2 + 2\ NH_3 + 2\ N_2O \longrightarrow 2\ SiON + 4\ HCl + 3\ H_2 + 2\ N_2 \tag{3.34}$$

$$2\ SiH_4 + 2\ NH_3 + 2\ N_2O \longrightarrow 2\ SiON + 2\ N_2 + 7\ H_2 \tag{3.35}$$

Bild 3.23 zeigt den Zusammenhang zwischen dem Gasfluss und den erzielten Brechungsindizes einer im PECVD-Verfahren abgeschiedenen Schicht.

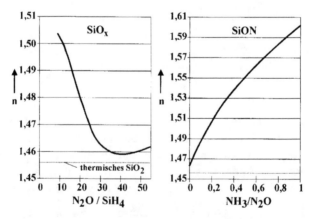

Bild 3.23: Zusammenhang zwischen dem Brechungsindex einer Siliziumoxid-bzw. SiON-Schicht und der Gaszusammensetzung während der PECVD-Abscheidung /19/

Dabei lässt sich auch ohne Zugabe von Ammoniak eine Abhängigkeit der Brechzahl vom Verhältnis des Lachgas- zum Silanfluss erkennen. Ein zu niedriger Lachgasfluss bewirkt eine siliziumreiche Schicht mit entsprechend höherem Brechungsindex. Allerdings ist die Absorption dieser Filme im sichtbaren Spektralbereich relativ hoch, sodass sie für Wellenleiter ungeeignet sind. Erst die Zugabe von Ammoniak lässt reine SiON-Filme aufwachsen, die nur sehr schwach absorbieren.

Um aus den abgeschiedenen SiON-Schichten Wellenleiter aufzubauen, müssen folgende Bedingungen erfüllt werden:

- der Untergrund muss möglichst glatt und eben sein;

- die Filme müssen sehr homogen in der Zusammensetzung sein;

- die Wellenführung muss in vertikaler und lateraler Richtung durch Brechungsindexsprünge gewährleistet sein;

- die Kantenrauhigkeit sollte zur Vermeidung von Streuverlusten möglichst gering sein;

Ätzvorgänge im Bereich der geführten Welle bewirken eine erhöhte Oberflächenrauhigkeit und sind grundsätzlich zu vermeiden, um die Dämpfungsverluste gering zu halten. Prozesstechnisch muss folglich eine geeignete Wellenleiterbauform ohne Strukturierung des lichtführenden Films aus der Vielzahl der möglichen Bauformen gewählt werden. Bild 3.24 zeigt verschiedene Typen von Wellenleitern, die sich durch Schichtabscheidung und Ätzung unter Anwendung von fotolithografisch strukturierten Lackmasken herstellen lassen.

Ein SiON-Film lässt sich zwischen zwei schwächer brechenden SiO_2-Schichten derart einbetten, dass in vertikaler Richtung eine Lichtführung im Film aufgrund der geringeren Brechzahlen außerhalb des führenden Films erfolgt. Für die laterale Lichtführung kann entsprechend Bild 3.24 eine Rippenätzung erfolgen.

In Bild 3.24a) wird der SiON-Film selbst strukturiert, sodass die Lichtleitung im Material n_l im Bereich der Rippe erfolgt. Allerdings ist die Dämpfung infolge der unvermeidlichen Rauhigkeit der geätzten Kanten recht hoch, dämpfungsarme Wellenleiter lassen sich in dieser Bauform nicht herstellen.

Besser geeignet ist die Struktur nach b), denn hier wird nur das abdeckende Oxid geätzt. Allerdings endet der Ätzprozess auf dem SiON, sodass auch hier mit erhöhter Dämpfung gerechnet werden muss.

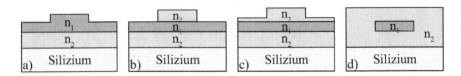

Bild 3.24: Bauformen der Wellenleiter: a) Rippenwellenleiter, b+c) Streifen-belastete Filmwellenleiter, d) Kanalwellenleiter

Günstig ist die Bauform c), weil hier die Rippe nicht vollständig durch das Oxid hindurch geätzt wird. Folglich liegt die eine Dämpfung bewirkende Filmrauhigkeit außerhalb der lichtführenden Wellenleiter-schicht. Die Rippe bewirkt lediglich eine Erhöhung des effektiven Wellenleiterindex im darunterliegenden SiON zur Vorgabe der lateralen Lichtausbreitungsrichtung.

Die Bauform d) erfordert eine äußerst glatte Kantenstrukturierung des lichtführenden Kerns, um dämpfungsarme Wellenleiter herzustellen. Das Material mit dem Brechungsindex n_l wird mit einer Lackmaske definiert und direkt in Trockenätztechnik strukturiert. Jegliche Rauhigkeit an den Flanken des Kerns bewirkt eine erhöhte Dämpfung durch Streuung des Lichtes. Die Abdeckung des Kerns mit dem Oxidmantel mildert zwar die Verluste, allerdings ist die Streuung keinesfalls vernachlässigbar.

Da die elektromagnetische Welle exponentiell abklingend auch im Man-tel eines Wellenleiters geführt wird, muss dieser ausreichend dick sein, um eine Absorption der Wellenausläufer am absorbierenden Substrat zu vermeiden. Dies wird im Fall des SiON-Lichtwellenleiters durch dicke Oxidschichten zwischen dem Kern und dem Substrat erreicht. Im sichtbaren Spektralbereich reichen 2 µm Oxid aus, im nahen Infrarot-bereich steigt die erforderliche Dicke auf 5-10 µm an. Bild 3.25 zeigt eine bewährte Bauform für den Spektralbereich von 550 nm bis ca. 750 nm. Ihre Dämpfung liegt unterhalb von 0,5 dB/cm; dies ist für mikrosystemtechnische Anwendungen ausreichend gering.

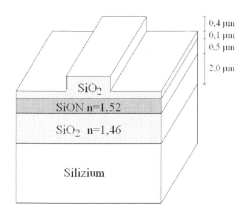

Bild 3.25: Bauform eines SiON-Lichtwellenleiters auf Siliziumbasis für den sichtbaren Spektralbereich

SiON weist gegenüber Si_3N_4 mehrere Vorteile bei der Integration der optischen Komponenten auf. Zum einen beträgt die Strukturbreite einmodiger SiON-Wellenleiter etwa 3 μm, was eine im Vergleich zur Linienweite des Siliziumnitrides von unter 1 μm deutlich vereinfachte Fotolithografie bedeutet. Andererseits erweist sich die relativ schwache Signalführung in SiON-Rippenwellenleitern als Vorteil für die funktionssichere Fertigung von Kopplern, weil die notwendigen Abstände zwischen den Koppelstrukturen mit etwa 1,5 μm noch reproduzierbar in der Technologie zu handhaben sind.

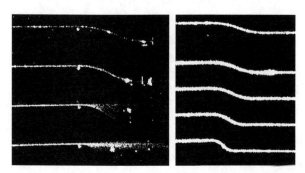

Bild 3.26: Streulichtaufnahmen (λ=633 nm) von SiON-Wellenleitern (links) mit Abstrahlungsverlusten bei kleinen Radien; Si_3N_4-Wellenleiter (rechts) zeigen selbst bei 50 μm Radius keine Verluste in Krümmungen

Die optischen Bauelemente erfordern Bögen und Strahlumlenkungen, um Lichtsignale auf dem Chip verteilen zu können. Dabei dürfen die Radien der Bögen nicht zu klein gewählt werden, um Abstrahlungsverluste durch Überschreiten des kritischen Winkels zu vermeiden. Je kleiner der Brechungsindexsprung zwischen Mantel und Kern ist, desto größer muss der Radius für eine dämpfungsarme Lichtausbreitung gewählt werden (Bild 3.26).

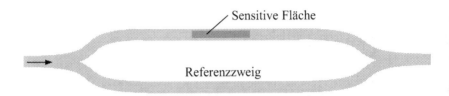

Bild 3.27: Mach-Zehnder-Interferometer mit sensitiver Fläche im Signalzweig

Ein wichtiges integriert-optisches Bauelement ist das Mach-Zehnder-Interferometer, das sowohl zur Signalmodulation als auch in der Sensorik eingesetzt wird. Es besteht aus einem Strahlteiler, einem optisch aktiven Wellenleiterabschnitt, in dem eine gegenüber dem einfachen Wellenleiter veränderte Ausbreitungsgeschwindigkeit oder eine veränderliche optische Weglänge in Abhängigkeit von einer äußeren Einflussgröße vorliegt, einem Referenzarm und einer Strahlzusammenführung. Bild 3.27 zeigt den typischen Aufbau eines Mach-Zehnder-Interferometers mit einer Y-Verzweigung zur Strahlteilung.

Das Interferometer teilt das kohärente Licht einer Laser-Quelle möglichst symmetrisch in einen Referenzstrahl und einen Messstrahl auf. Während das Referenzsignal sich unverändert ausbreitet, erfährt das im Signalarm geführte Licht im integrierten Sensor eine Phasenverschiebung infolge einer Brechungsindexänderung. Folglich interferieren die Teilstrahlen nicht mehr konstruktiv. Am Ausgang des Interferometers tritt eine phasenverschiebungsabhängige Intensität auf, die als Messgröße dient.

Um Streuverluste in der Y-Verzweigung zu vermeiden, muss die Aufspaltung des Wellenleiters unter möglichst spitzem Winkel erfolgen. Im Fall der streifenbelasteten Filmwellenleiter ist dazu eine hochauflösende Lithografie zur Strukturierung der Rippe im Punkt der Auf-

spaltung der Y-Verzweigung notwendig, anderenfalls führt der Spitzen-
radius zu Reflexionsverlusten.

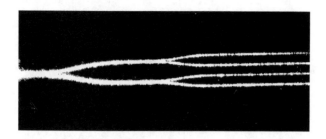

Bild 3.28: 1:4 Strahlteiler aus Y-Verzweigungen, integriert als SiON-Lichtwellenleiter auf Siliziumsubstrat

Anstelle der Y-Verzweigungen lassen sich auch 3 dB-Koppler zur Aufspaltung der eingekoppelten Intensität bzw. zur Zusammenführung der
Intensitäten in den Interferometerzweigen nutzten. Verlaufen zwei
Wellenleiter sehr nah nebeneinander, so koppelt das evaneszente Feld
der elektromagnetischen Welle aus dem einen Wellenleiter in den
anderen über. Um eine exakte Aufteilung der Intensität zu erreichen,
müssen die Parameter Wellenleiterabstand, Brechungsindex der lichtführenden Schicht und Länge der Koppelstrecke genau eingehalten
werden. Bild 3.29 zeigt ein Interferometer mit Kopplern zur Strahlteilung
und zur Zusammenführung der Teilstrahlen.

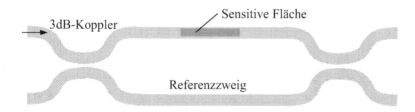

Bild 3.29: Mach-Zehnder-Interferometer mit Kopplern zur Signalteilung am
Eingang und zur Überlagerung am Ausgang

Nachteilig sind bei dieser Bauform die in der Praxis nur recht ungenau einstellbaren Koppelfaktoren und der große Flächenbedarf zur Integration resultierend aus den erforderlichen Radien zur Annäherung der Wellenleiter. Enge Radien bei erhöhtem Brechungsindex, wie sie in Si_3N_4-Wellenleitern möglich sind, führen zu sehr geringen, mit optischer Lithografie nicht mehr herstellbaren Koppelabständen. Bild 3.30 zeigt eine Kopplerstruktur aus SiON-Lichtwellenleitern auf Silizium als Streulichtaufnahme.

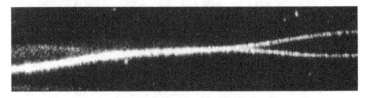

Bild 3.30: Integrierter SiON-Koppler mit 2 mm Koppellänge und 1,5 μm Koppelabstand bei 633 nm Lichtwellenlänge

Alternativ lässt sich das Interferometer aus Bild 3.29 auch mit Δ-Spiegeln anstelle der Koppler aufbauen. Am Ort der Verzweigung wird dazu ein spitz zulaufender Spiegel in den Wellenleiter geätzt, der das einfallende Licht in zwei Teilintensitäten aufspaltet. Die Spitze muss einen sehr kleinen Radius aufweisen, um Streuverluste zu vermeiden; auch die Justierung zum Wellenleiter darf für eine gleichmäßige Intensitätsaufteilung nur um Bruchteile eines Mikrometers vom Zentrum der Rippe abweichen.

Die Integration des Spiegels erfolgt über eine anisotrope Tiefenätzung durch den gesamten lichtführenden Film - der SiO_2-Rippe und der SiON-Schicht - hindurch, sodass der Brechungsindex durch Füllung mit Luft an der Spiegeloberfläche auf $n = 1$ springt. Das unter spitzem Winkel auftreffende Licht erfährt Totalreflexion und wird am idealen Spiegel vollständig reflektiert. Im $SiON/SiO_2$-Wellenleitersystem auf Silizium mit $n_{SiON} = 1{,}52$ erlaubt die Totalreflexion Strahlumlenkungen um mehr als 90°. Voraussetzung dazu ist eine möglichst glatte Spiegelfläche mit exakt zum Wellenleiter justierten Spiegelöffnungen. Bild 3.31 zeigt die Strahlaufteilung an einem Delta-Spiegel sowie die Umlenkung des geführten Lichts für verschiedene Winkel.

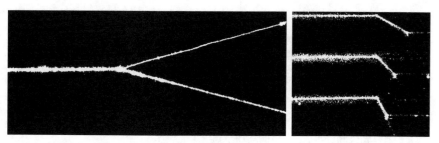

Bild 3.31: Strahlaufteilung am Delta-Spiegel und Strahlumlenkungen an integrierten Spiegelöffnungen um 30°, 45° und 60°

Nachteilig sind die Dämpfungsverluste an den Spiegeln, die nur bei sehr glatten Oberflächen unter 1 dB je reflektierender Fläche liegen. Hinzu kommt die für eine optimale Signalaufteilung bzw. -ablenkung erforderliche sehr hohe Justiergenauigkeit der Spiegelöffnungen zu den Wellenleiterrippen.

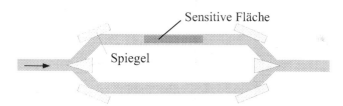

Bild 3.32: Mach-Zehnder-Interferometer mit Spiegeln anstelle von Radien zur Reduktion der erforderlichen Integrationsfläche

Unabhängig von der gewählten Bauform des Interferometers führen Brechungsindexinhomogenitäten oder andere technologische Parameterschwankungen trotz symmetrischer Auslegung der beiden Interferometerzweige zu einem kaum vermeidbaren Interferometer-Offset. Folglich liegt auch ohne Sensorsignal bei der Signalzusammenführung am Interferometerausgang keine vollständig konstruktive Interferenz der Teilstrahlen vor.

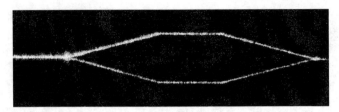

Bild 3.33: Streulichtaufnahme eines Mach-Zehnder-Interferometers, aufgebaut mit Spiegeln anstelle von Radien

In der Mikrosystemtechnik lässt sich der Interferometer-Offset durch ein integriertes Heizelement zum Abgleich beseitigen, sodass infolge der Temperaturabhängigkeit des Brechungsindexes eine über die Heizleistung einstellbare Phasenänderung im Referenzzweig entsteht. Zwar ist die Dynamik des thermooptischen Effektes mit Antwortzeiten von minimal 100 µs-Bereich recht gering, für die Offsetkompensation aber durchaus ausreichend. Bild 3.34 zeigt ein entsprechend ergänztes Interferometer mit einem Heizelement im Referenzzweig.

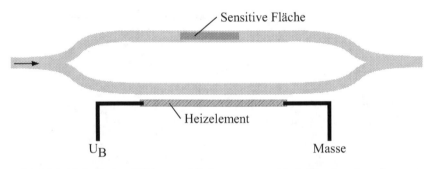

Bild 3.34: Elektrische Widerstandsheizung zum Abgleich des Interferometers durch den thermooptischen Effekt

3.3.3 Wellenleiter für die optische Datenübertragung

In der optischen Nachrichtentechnik werden aufgrund der geringen Strahlungsabsorption in Glasfasern Lichtwellenlängen um 1,3 µm und 1,55 µm genutzt. Die im vorhergehenden Abschnitt vorgestellten

Wellenleiter auf Siliziumbasis weisen für diese Wellenlängen extreme Dämpfungsverluste auf, da die evaneszenten Felder - also die Feldanteile der elektromagnetischen Welle, die sich außerhalb des Kerns ausbreiten - durch die Oxidschicht unter dem Filmwellenleiter bis ins Siliziumsubstrat reichen und somit die geführte Welle direkt in das hochbrechende Substrat überkoppelt.

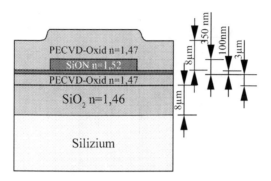

Bild 3.35: Aufbau eines Wellenleiters für eine Lichtwellenlänge von 1550 nm, der aufgrund seiner Abmessungen eine gute Anpassung an einmodige Glasfasern bietet /20/

Als Gegenmaßnahme bietet sich ein verstärktes Oxid unter dem Wellenleiter mit einer Dicke um 11 μm an, das z.B. durch thermische Oxidation und PECVD-Beschichtung hergestellt wird. Bild 3.35 zeigt den Aufbau eines für λ=1,55 μm berechneten SiON-Wellenleiters, der neben der geringen Ausbreitungsdämpfung zusätzlich geringe Einfügeverluste durch eine gute Anpassung der Geometrie an einmodige Glasfasern ermöglicht.

Diese Wellenleiter erlauben Bögen mit 30 mm Radius bei vertretbaren Dämpfungsverlusten um 0,2-0,5 dB je 90°-Bogen. Koppler erfordern Längen von etwa 2,5 mm Koppellänge bei einem Wellenleiterabstand von 10 μm und einer Wellenlänge λ=1,3 μm bzw. ca. 5 mm bei 15 μm Abstand für λ=1,55 μm. Aufgrund dieser relativ groben Abmessungen sind die Koppler relativ einfach fotolithografisch strukturierbar.

Anwenden lassen sich diese Koppler zum Beispiel als Wellenlängen-
multiplexer zur Trennung oder Mischung der in der optischen Datenübertragungstechnik wichtigen Wellenlängen von 1,3 µm und 1,55 µm. Bild
3.36 zeigt die Übertragungscharakteristik eines entsprechend ausgelegten
integrierten Richtkopplers mit 3,5 mm Länge und 4,5 µm Abstand
zwischen den Wellenleitern. Dabei wird eine Übersprechdämpfung von
bis zu 30 dB zwischen den Ausgängen gemessen. Das eingekoppelte
multifrequente Signal koppelt bei 1300 nm auf den Ausgang X über, das
Signal bei 1550 nm liegt am Ausgang = an.

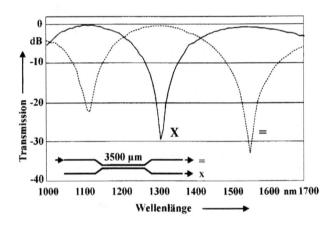

Bild 3.36: Übertragungscharakteristik eines Richtkopplers als Wellenlängen-
multiplexer für λ=1300 nm und 1550 nm /21/

Alternativ lassen sich auch kristalline Siliziumschichten zur Lichtführung
nutzen, da Infrarotstrahlung mit einer Wellenlänge oberhalb von 1,2 µm
nicht vom Halbleitermaterial absorbiert wird. Aufgrund der geringen
Photonenenergie können keine Elektronen aus dem Valenzband ins
Leitungsband angeregt werden, folglich findet keine Signaldämpfung
durch Strahlungsabsorption statt.

Wellenleiter lassen sich durch n-Dotierung des Siliziums mit Arsen oder
Phosphor integrieren, allerdings ist der Brechungsindexsprung vom p-
Substrat zum n-Silizium sehr gering. Die Lichtführung ist somit nur
schwach ausgeprägt.

Günstiger sind Siliziumwellenleiter aus SOI- (Silicon on Insulator-) Substraten. Das Licht wird im Silizium oberhalb des Oxides geführt, in lateraler Richtung erfolgt eine Belastung des Films durch einen Polysiliziumstreifen. Darüber wird Siliziumdioxid zur Kapselung bzw. zur Abdeckung der Schicht abgeschieden.

Alternativ kann der kristalline Siliziumfilm zu Streifenwellenleitern strukturiert werden. Anschließend folgt eine Strukturierung des Oxids unter dem Wellenleiter durch nasschemisches Ätzen, sodass der lichtführende Siliziumstreifen nur auf einem schmalen Streifen oder auf Säulen steht. Beispiele für die Silizium- bzw. SOI-Wellenleiter zeigt Bild 3.37.

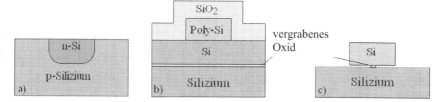

Bild 3.37: Lichtwellenleiter, aufgebaut aus Silizium, für Wellenlängen oberhalb von ca. 1,2 µm: a) im kristallinen Substrat, b) und c) als SOI-Bauformen

Typische Maße für die Wellenleiter nach Bild 3.37 b) sind 5 µm Siliziumdicke auf 1 µm Siliziumdioxid bei ca. 2 µm Rippenbreite. Das abdeckende Oxid verringert die Dämpfungsverluste, allerdings betragen die Verluste bereits ohne SiO_2-Cladding weniger als 0,2 dB/cm. Sie sind damit ausreichend gering für integriert-optische Bauelemente mit Abmessungen in Chipgröße.

Richtkoppler zur Intensitätsteilung bestehen in diesem Fall aus ca. 300-500 µm langen Wellenleitern, die in einem Abstand von 2.5 µm parallel zueinander verlaufen /22/. Bild 3.38 zeigt die Abhängigkeit der Leistungsaufteilung auf die Ausgänge des Richtkopplers von der Koppellänge für λ=1,55 µm.

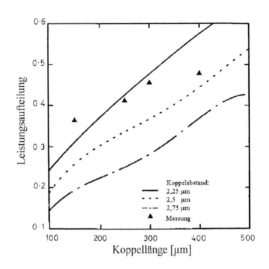

Bild 3.38: Simulierte und gemessene Leistungsaufteilung in Abhängigkeit von der Koppellänge der Richtkoppler /21/

3.3.4 Miniaturisierte optische Elemente

Anstelle der zuvor beschriebenen Wellenleiter eignen sich auch refraktive Elemente wie Linsen, Gitter oder Prismen im minaturisierten Maßstab für Anwendungen der integrierten Optik, insbesondere im Bereich der Freistrahloptiken. Prismen und Zylinderlinsen aus PMMA (Polymethylmethacrylat) lassen sich mithilfe der Röntgentiefenlithografie herstellen, sie können aber auch durch Trockenätzen aus dicken Siliziumdioxidfilmen erzeugt werden.

Wesentlich für geringe Verluste ist die Qualität der Grenzflächen, da diese die Reflexions- bzw. Transmissionseigenschaften der optischen Bauelemente bestimmen. Rauhigkeiten im 10 nm-Bereich führen bereits zu Dämpfungsverlusten durch Streuung des Lichtes.

Aus Linsen, teildurchlässigen Spiegeln und Gittern wurden bereits Interferometer und Spektrometer in Freistrahltechnik hergestellt. Bild 3.39 zeigt ein Beispiel für ein Doppel-Michelson-Interferometer zur Entfernungsmessung mit 10 nm Auflösung.

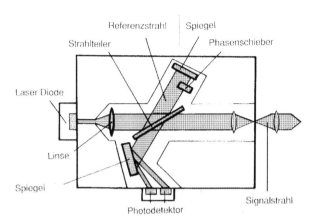

Bild 3.39: Doppel-Michelson-Interferometer mit miniaturisierten optischen Elementen, hergestellt aus einem strukturierten Siliziumnitridfilm auf Silizium /23/

In Bild 3.40 ist ein integriertes Spektrometer mit einer Linienauflösung für den Infrarotbereich dargestellt, dass mithilfe der LIGA-Technik durch Abformung in Kunststoff kostengünstig gefertigt werden kann.

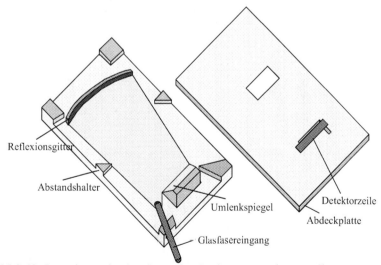

Bild 3.40: Integriertes hochauflösendes Spektrometer, hergestellt unter Anwendung der LIGA-Technik /24/

Oberflächenlinsenfelder lassen sich durch einen Lack-Reflow-Prozess als refraktive Elemente recht einfach herstellen. Der Prozess nutzt die Oberflächenkontraktion von Fotolacken bei starker thermischer Belastung aus, indem der Lack nach dem Entwickeln einer Temperung unterzogen wird.

Runde Fotolackstrukturen, deren Durchmesser dem Linsendurchmesser entsprechen, ziehen sich bei ca. 150-160°C durch Vernetzung stark zusammen, sodass eine linsenförmige Oberfläche entsteht. Diese lässt sich im Trockenätzverfahren gleichmäßig in den Untergrund übertragen, falls die Selektivität des Ätzprozesses durch Wahl der Reaktionsgaszusammensetzung zu 1 eingestellt ist.

Bild 3.41 zeigt den Prozessablauf zur Herstellung von optischen Linsen aus Siliziumdioxid. Das Siliziumträgermaterial unter den Oxidlinsen wird nach der Linsenstrukturierung entfernt. Dazu ist zunächst eine Reduktion der Scheibendicke durch mechanisches Schleifen erforderlich, anschließend kann das Restsilizium lokal in KOH-Lösung geätzt werden, sodass die Strahlung von der Scheibenrückseite auf die Linsen fällt.

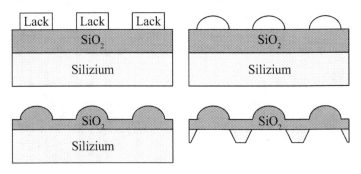

Bild 3.41: Herstellung von Linsenfeldern durch thermische Behandlung von Fotolackstrukturen und anschließendem Trockenätzprozess

Für Infrarotstrahlung mit einer Wellenlänge über 1,25 µm wurden nach diesem Verfahren auch Linsen aus Silizium hergestellt, das für diese langwellige Strahlung transparent ist /25/. Im sichtbaren Spektralbereich werden Oxid- oder Quarzglaslinsen eingesetzt, die sich zum Beispiel mit CHF_3/O_2 im RIE-Verfahren ätzen lassen. Die für eine gleichmäßige

Oxid- und Lackätzung erforderliche Gaszusammensetzung lässt sich aus Bild 3.42 als Schnittpunkt der Ätzratenkurven entnehmen.

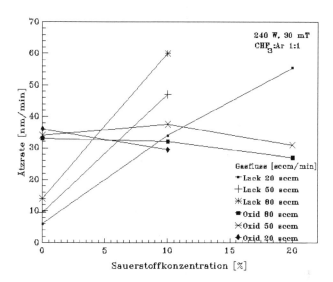

Bild 3.42: Ätzrate für Fotolack und Siliziumdioxid in Abhängigkeit von der Sauerstoffkonzentration des Reaktionsgases mit dem Gesamtgasfluss als Parameter

Anstelle der Brechung des Lichtes an der Grenzfläche zweier Medien unterschiedlicher optischer Dichte nutzt die diffraktive Optik eine gezielte Phasenverschiebung zur Fokussierung der einfallenden Strahlung. Mit 3 Maskenebenen, die mit einem anisotropen Ätzprozess nacheinander gleichmäßig in den Untergrund übertragen werden müssen, lassen sich 8 Phasenlagen erzeugen. Bild 3.43 zeigt den Querschnitt einer optischen Linse, die das Licht durch Manipulation der Phase fokussiert.

Die Beugungseffizienz η der diffraktiven optischen Elemente lässt sich aus der Anzahl N der Phasenlagen bzw. aus der Anzahl L der Maskenebenen berechnen:

$$\eta = \frac{\sin^2\left(\dfrac{\pi}{N}\right)}{\left(\dfrac{\pi}{N}\right)^2} = \frac{\sin^2\left(\dfrac{\pi}{2^L}\right)}{\left(\dfrac{\pi}{2^L}\right)^2} \tag{3.36}$$

Damit beträgt die Effizienz bei 4 Phasenlagen, die mit 2 Maskenebenen zu ätzen sind, bereits ca. 81%.

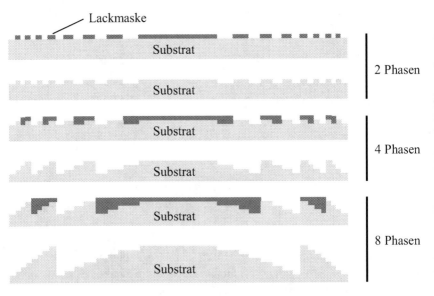

Bild 3.43: Anwendung der diffraktiven Optik zur Herstellung einer Linse: Durch Ätzung von 7 gleichmäßigen Stufen zur Einstellung von 8 Phasenlagen für die auslaufende Welle entsteht eine fokussierende Wirkung /26/

4 Sensor- und Aktoreffekte

Die Komponenten eines Mikrosystems lassen sich unter Anwendung der Prozesse der Halbleitertechnologie, teilweise ergänzt um spezielle Bearbeitungsschritte, entweder gemeinsam auf einem Substrat oder unabhängig voneinander mit jeweils optimierten Prozessen herstellen. Damit diese einzelnen Funktionsgruppen jedoch als System zusammen-wirken können, müssen Schnittstellen zum Informationsaustausch zwischen den Gruppen vorgesehen werden.

Insbesondere ist die Erfassung von Umweltgrößen über einen Sensor als Eingangssignal für ein Mikrosystem unerlässlich. Die zu messende Größe sollte möglichst ohne Zeitverzögerung mit hoher Empfindlichkeit erfasst werden. Jedoch bewirkt erst die Ausgabe in Form einer zur Verfügung gestellten elektrischen oder mechanischen Leistung eine vollständige Systemfunktion.

Die Erfassung einer in integrierten Schaltungen verarbeitbaren Informa-tion erfolgt über Sensoren oder Transducer. Sie wandeln die über einen physikalischen oder chemischen Effekt gemessene Umweltgröße in ein elektrisches Signal, z. B. in eine Widerstandsänderung oder in ein Strom- oder Spannungssignal. Im Gegensatz zu den Sensoren, die eine Umweltgröße mithilfe einer Hilfsenergie in eine elektrisch messbare Größe umsetzen, wandeln Transducer eine zugeführte Energieform in eine andere, zumeist elektrische Energieform um. Am Ende der Signal-erfassung steht davon unabhängig jeweils ein elektrisch verwertbares Signal zur Verfügung.

Zur Signalverarbeitung, d. h. zur Verstärkung, Filterung, digitalen Um-setzung, logischen Entscheidung oder temporären Speicherung, werden heute nahezu ausschließlich mikroelektronische Schaltungen genutzt. Der übliche Aufbau beinhaltet eine Verstärkung des Sensorsignals, eine analog/digital-Umsetzung des Signals und eine logische Verarbeitung der aufgenommenen Information. Optische oder magnetische Systeme unterstützen häufig die Signalerfassung oder Speicherung. Sie liefern am Ausgang in der Regel ein elektrisches Steuersignal bzw. ihr nichtelektrisches Ausgangssignal wird zur Weiterverarbeitung in ein elektrisches Signal umgesetzt.

Die Aktorik besteht bei vielen Mikrosystemen aus einem integrierten oder externen Leistungstransistor, der zur Steuerung eines mechanischen Elementes dient. Alternativ lassen sich auch über thermoelektrische oder elektrostatische Kräfte bewegliche mikromechanische Komponenten direkt auf einem Chip ansteuern. Jedoch ist bislang die Zahl der sinnvollen Anwendungen für integrierte mechanische Aktoren wegen der relativ geringen zur Verfügung stehenden Leistungen begrenzt.

4.1 Sensoreffekte

Um eine Information aus der Umwelt zu erfassen oder eine Prozessgröße zu ermitteln, muss die Wirkung dieses externen Einflusses auf das zur Signalerfassung eingesetzte Wirkprinzip des Sensors festgestellt werden. Die nachzuweisenden Informationen sind im allgemeinen Umweltgrößen: Druck, Temperatur, Drehrate, Beschleunigung, Strömungsgeschwindigkeit, Feldstärke etc..

Über spezielle physikalische Effekte lassen sich diese Größen in ein elektrisches Signal umsetzen. Im Folgenden werden wichtige physikalische Effekte, die sich für eine Integration als Sensor in einem Mikrosystem eignen, vorgestellt.

4.1.1 Thermische Effekte

Die Temperatur eines Materials beeinflusst den elektrischen Widerstand durch eine Änderung der Ladungsträgerdichte (NTC-Widerstand) oder der Ladungsträgerbeweglichkeit bzw. der Ladungsträgerstreuung am Kristallgitter (PTC). Für Metalle mit einer hohen Zahl an freien Ladungsträgern wirken sich in einem weiten Temperaturbereich die Gitterschwingungen auf die Bewegung der Elektronen aus, sodass mit wachsender Temperatur die Streuung der Ladungsträger zunimmt und damit der Widerstand einer Metallbahn steigt.

Der bekannteste Metallwiderstandssensor zur Temperaturmessung ist der Pt100-Messwiderstand mit einem Widerstand von $100\,\Omega$ bei 0°C. Er lässt sich in der Mikrosystemtechnik in Form von gesputterten Platin-leiterbahnen integrieren, allerdings wirkt Platin als Verunreinigung in pn-Übergängen als Rekombinations-/Generationszentrum, sodass z. B. in mikroelektronischen Verstärkerschaltungen erhöhte Diodenleckströme auftreten können.

Die Widerstandszunahme infolge der wachsenden Streuung der Ladungsträger an den mit der Temperatur zunehmenden Gitterschwin-gungen lässt sich im Bereich von 0°C - 900°C durch Gleichung (4.1) annähern:

$$R(T[^\circ C])=R_0[1+3,908\times10^{-3}\,T-5,802\times10^{-7}\,T^2] \qquad (4.1)$$

Aufgrund des geringen Einflusses des quadratischen Terms lässt sich zwischen 0°C und 100°C ein Temperaturkoeffizient β_{Pt} angeben:

$$\beta_{Pt}=3,85\times10^{-3}\,K^{-1} \qquad (4.2)$$

Bild 4.1: Integrierter Pt-100 Messwiderstand zur Temperaturerfassung /27/

Im Vergleich zum Metallwiderstandssensor treten im Halbleiter zwei entgegengesetzt wirkende Effekte auf. Eine Temperaturerhöhung kann zu einer Anhebung der Ladungsträgerdichte führen, gleichzeitig nimmt aber auch die Ladungsträgerbeweglichkeit durch Streuung am Kristallgitter ab. Entscheidend für die tatsächliche Widerstandsänderung des Halbleitermaterials ist die Energiedifferenz der Bandlücke in Relation zur Temperatur. Bild 4.2 zeigt die Ladungsträgerkonzentration in Silizium in Abhängigkeit von der Temperatur zur Verdeutlichung des Effektes.

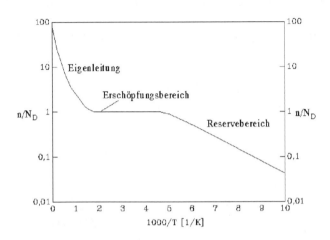

Bild 4.2: Temperaturabhängigkeit der in Relation zur Dotierstoffkonzentration aufgetragenen Ladungsträgerdichte in Silizium

Die Kurve lässt sich in 3 Bereiche einteilen:

– Reservebereich: Die thermische Energie reicht bei niedriger Temperatur nicht zur Ionisierung aller Dotierstoffatome aus, sodass die Anzahl der freien Ladungsträger kleiner ist als die vorhandene Dotierstoffkonzentration.

– Erschöpfungsbereich: Aufgrund der thermischen Aktivierung sind alle Dotierstoffatome ionisiert, folglich entspricht die Dichte der Ladungsträger im Leitungsband der Dotierstoffdichte.

– Eigenleitungsbereich: Ladungsträger aus dem Valenzband gelangen bei hohen Temperaturen durch thermische Aktivierung ins Leitungsband, sodass die Ladungsträgerdichte mit der Temperatur exponentiell zunimmt.

Im Temperaturbereich zwischen ca. -50°C und 150°C befindet sich der Siliziumkristall im Erschöpfungsbereich, sodass nur die Beweglichkeit

μ_n der Ladungsträger als temperaturabhängige Größe die Leitfähigkeit σ des Materials bestimmt. Für n-leitendes Silizium gilt:

$$\sigma = \frac{1}{\rho} = e\,n\,\mu_n \qquad (4.3)$$

Folglich wächst der spezifische Widerstand ρ des Halbleiters mit steigender Temperatur, da die Beweglichkeit μ_n sinkt (Bild 4.3).

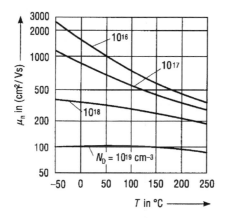

Bild 4.3: Elektronenbeweglichkeit in Silizium in Abhängigkeit von der Temperatur und der Dotierstoffkonzentration /28/

Für den Ausbreitungswiderstand eines beidseitig ganzflächig kontaktierten Stück Halbleitermaterials der Länge l mit dem Querschnitt A gilt bei einer Dotierung N_D in Abhängigkeit von der Temperatur T:

$$R(T) = \rho(T)\,\frac{l}{A} = \frac{1}{N_D\,e\,\mu_n(T)}\,\frac{l}{A} \qquad (4.4)$$

Im Fall einer integrierten Schaltung lässt sich der Widerstand zwischen einer kleinflächigen Kontaktöffnung und einer halbkugelförmigen Gegenelektrode berechnen. Es gilt mit der Nomenklatur aus Bild 4.4 für die Widerstandsänderung dR im Abstand r bei einer Radiusänderung dr:

$$dR = \rho \frac{dr}{2\pi r^2} \qquad (4.5)$$

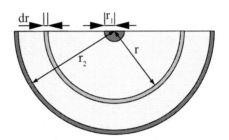

Bild 4.4: Modell zur Berechnung des Ausbreitungswiderstandes bei einer fast punktförmigen Kontaktfläche

Daraus folgt durch Integration:

$$R = \rho \int_{r_1}^{r_2} \frac{dr}{2\pi r^2} = \frac{\rho}{2\pi}\left(\frac{1}{r_1} - \frac{1}{r_2}\right) \qquad (4.6)$$

Mit $r_1 \ll r_2$ folgt:

$$R = \frac{\rho}{2\pi r_1} \qquad (4.7)$$

Für eine reale Geometrie mit planarer Scheibenrückseite im Abstand D vom Kontakt mit dem Durchmesser d folgt mit $d \ll D$ als Ergebnis:

$$R = \frac{\rho}{2d} = \frac{1}{2en\mu_n(T)d} \qquad (4.8)$$

Wird die Temperatur eines Halbleiters über den Erschöpfungsbereich hinaus gesteigert, so geht das Material in den eigenleitenden Zustand über. Die Ladungsträgerkonzentration n_i steigt exponentiell, entsprechend nimmt die Leitfähigkeit des Siliziums zu.

$$n_i = const. \ T^{3/2} \ e^{\frac{-\Delta W}{2 k_B T}} \qquad (4.9)$$

Das Bauelement zeigt eine NTC-Charakteristik (Negative Temperature Coefficient), die zwar grundsätzlich zur Temperaturmessung geeignet ist, allerdings oberhalb des zulässigen Arbeitsbereichs mikroelektronischer Schaltungen liegt. Die Abhängigkeit des Widerstandes von der Temperatur lässt sich in diesem Fall durch die Funktion:

$$R(T) = A e^{\frac{B}{T}} \qquad (4.10)$$

Ein Temperatursensor mit einem weiten Erfassungsbereich ist das Thermoelement. Der thermoelektrische Effekt, auch Seebeck-Effekt genannt, nutzt die thermische Beeinflussung des elektrischen Kontaktpotenzials zweier Metalle zur Temperaturmessung. Herrscht in einem homogenen Leiter ein Temperaturgradient, so reichern sich die Elektronen am kalten Ende des Materials an. Dabei hängt der Grad der Anreicherung vom Seebeck-Koeffizienten des Materials ab, sodass an der Berührungsstelle zweier verschiedener Metalle eine Potenzialdifferenz entsteht.

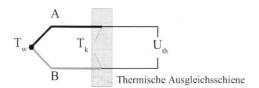

Bild 4.5: Thermoelement zur Erfassung der Temperatur T_w in Relation zur Referenztemperatur T_k

Um diese Differenz messen zu können, müssen die Anschlusskontaktstellen auf definierter Temperatur liegen. Die messbaren Spannungen betragen, je nach Materialpaarung, einige Mikrovolt pro Kelvin. An der Berührungsstelle der Materialien A und B mit den Seebeck-Koeffizienten ε_A und ε_B tritt bei einer Temperaturdifferenz $T_W - T_K$ eine Thermospannung U_{th} auf:

$$U_{th} = (\epsilon_A - \epsilon_B)(T_W - T_K) \qquad (4.11)$$

Dieser Effekt ist in allen Metallen und Halbleitermaterialien vorhanden. Besonders hohe thermoelektrische Spannungen treten in BiSb-Legierungen auf, die in der Planartechnik durch Kathodenstrahl-zerstäubung relativ einfach reproduzierbar herzustellen sind.

Tabelle 4.1: Seebeck-Koeffizienten verschiedener Materialien nach /29/

	ε_s [µV/K] (300 K)		ε_s [µV/K] (300 K)		ε_s [µV/K] (300 K)
Sb	+35	Bi	-65	p-$Bi_{0,5}Sb_{1,5}Te_3$	+230
Cr	+17,3	Ni	-18	p-InAs	+200
Au	+1,94	Pd	-9,99	n-Si	-450
Cu	+1,83	Pt	-5,28	n-InAs	-180
W	+1,07	Al	-1,7	n-$Bi_{0,87}Sb_{0,13}$	-100

Zeitlich veränderliche Temperaturen lassen sich über den pyro-elektrischen Effekt erfassen. Er tritt auf bei Dielektrika mit spontaner Polarisation. Dabei beschreibt die Pyroelektrizität die Änderung der spontanen elektrischen Polarisation P_{sp} eines dielektrischen Körpers bei einer Temperaturänderung.

Infolge der Polarisationsänderung entstehen durch Drehung der Dipole Oberflächenladungen, die über einen Ladungsverstärker als Strom- oder Spannungssignal ausgelesen werden können. Die entstehende Ladungs-menge ist materialabhängig und wird über den pyroelektrischen Koeffi-zienten p beschrieben.

$$p = \frac{dP_{sp}}{dT} \qquad (4.12)$$

Bei einer Temperaturänderung verändert sich die Ladungsmenge Q an der Oberfläche A eines pyroelektrischen Materials entsprechend

$$dQ = A\,dP_{sp} = A\,p\,dT \qquad (4.13)$$

Dielektrische Werkstoffe mit spontaner Polarisation sind z. B. Lithium-niobat ($LiNbO_3$), Bleizirkonat-Titanat (PZT) oder Polyvenylidenfluorid (PVDF). Ihre pyroelektrischen Koeffizienten sind in der Tabelle 4.2 angegeben.

Tabelle 4.2: Pyroelektrische Koeffizienten ausgewählter Materialien

Material	p [$\mu Cm^{-2}K^{-1}$]	Curietemperatur [°C]
Lithiumniobat	60	1210
Lithiumtantalat	200	618
Bariumtitanat	400	120
Triglyzinsulfat	350	49
Bleizirkonat-Titanat	420	340
Polyvinylidenflourid	40	>170

Ein weiterer thermischer Effekt, der ebenfalls nicht auf halbleitenden Eigenschaften basiert, ist die Frequenzverschiebung in speziell geschnittenen Schwingquarzen. Während zur Frequenzstabilisierung AT- und BT-Schnitte des Quarzkristalls eingesetzt werden, zeigt der HT-Schnitt, der unter einem Winkel von 4° zur z-Achse erfolgt, eine hohe Temperaturabhängigkeit der Schwingungsfrequenz. Folglich ist die Frequenz des Quarzes ein Maß für die Temperatur.

Die Temperaturabhängigkeit der Frequenz lässt sich näherungsweise nach Gleichung 4.14 approximieren:

$$f = f_0\left(1 + \alpha_T^f T + \beta_T^f T^2 + \gamma_T^f T^3\right) \qquad (4.14)$$

mit $f_0 = f(T=0°C)$, $\alpha_T^f = 90\cdot10^{-6}K^{-1}$, $\beta_T^f = 60\cdot10^{-9}K^{-1}$ und $\gamma_T^f = 30\cdot10^{-12}K^{-1}$.

Da die Größen β, $\gamma \ll \alpha$ sind, ist der Frequenzgang nahezu linear mit der Temperatur. Durch Vergleich unterschiedlich geschnittener Schwingquarze lässt sich die Temperatur bis in den mK-Bereich genau erfassen.

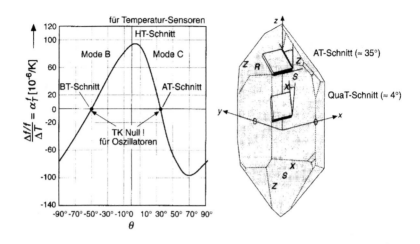

Bild 4.6: Temperaturkoeffizient der Frequenzänderung eines Schwingquarzes in Abhängigkeit vom Schnittwinkel zur z-Achse des Quarzkristalls sowie Lage der Schnittebenen im Kristall /30/

4.1.2 Magnetische Effekte

Der bekannteste Magnetfeldsensor ist der Hall-Sensor, bestehend aus einem dünnen Halbleitermaterial mit vier elektrischen Anschlüssen. In den Sensor wird ein Strom eingespeist, dessen räumliche Verteilung im Halbleiter durch das äußere Magnetfeld beeinflusst wird. Aufgrund der Lorentzkraft werden die Ladungsträger senkrecht zu den magnetischen Feldlinien abgelenkt, sodass in dem stromdurchflossenen Halbleitermaterial senkrecht zum Magnetfeld und zur Stromrichtung ein elektrisches Feld entsteht.

Diese Potenzialdifferenz kann als elektrische Spannung U_H abgegriffen werden, die proportional zur magnetischen Flussdichte B und zum fließenden Strom I ist. Als Geometriegröße für den Halbleiter geht die Dicke d der stromführenden Schicht in die Gleichung ein, dagegen haben weder ihre Länge noch ihre Breite einen Einfluss auf die generierte Spannung.

$$U_H = \frac{1}{R_H d} I B \qquad (4.15)$$

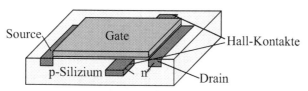

Bild 4.7: MOS-Transistor als Hallsensor zur Magnetfelderfassung

Ein anderer Magnetfeldsensor, der als Feldplatte bekannt ist, nutzt den magnetoresistiven Effekt (Gauss-Effekt). Ähnlich wie im Hall-Sensor bewirkt das Magnetfeld in einer Feldplatte eine Ablenkung der Ladungsträger vom geradlinigen Stromfluss zwischen den elektrischen Kontakten, sodass infolge der einwirkenden Lorentzkraft eine Wegverlängerung für die Ladungsträger zwischen den Anschlüssen des Halbleitermaterials entsteht. Aufgrund des längeren zurückzulegenden Weges steigt der Widerstand zwischen den Anschlüssen.

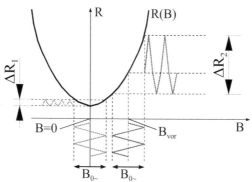

Bild 4.8: Einfluss einer Vormagnetisierung auf die Empfindlichkeit der Feldplatte als Magnetfeldsensor

Auch die Feldplatte besteht aus einem Halbleitermaterial, allerdings wird nahezu ausschließlich InSb zur Herstellung genutzt. Die hohe Elektronenbeweglichkeit von ca. 77.000 cm²/Vs wirkt quadratisch auf die Widerstandsänderung ein, sodass Silizium mit maximal 1.250 cm²/Vs als Halbleiter für Feldplatten bedeutungslos ist.

Magnetoresistive Sensoren zeigen eine quadratische Abhängigkeit des Widerstandes von der magnetischen Flussdichte. Folglich ist die Empfindlichkeit der Feldplatte für schwache Felder gering, auch lässt sich die Richtung des Feldes nicht bestimmen. Zur Lösung dieses Problems erfolgt eine Vormagnetisierung des Sensors, die den Arbeitspunkt von B = 0 T um einen vorgegebenen Wert verschiebt. Bild 4.8 verdeutlicht den Zusammenhang.

In ferromagnetischen Stoffen wie Permalloy, einer Eisen-Nickel-Legierung ($Ni_{0,81}Fe_{0,19}$), hängt der elektrische Widerstand von der Ausrichtung der Magnetisierung relativ zur Stromflussrichtung ab. Bei senkrecht zur Stromflussrichtung verlaufender Magnetisierung ist der Widerstand in diesem Material um bis zu ca. 4,8% geringer als bei paralleler Orientierung.

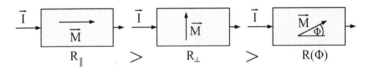

Bild 4.9: Abhängigkeit des spezifischen Widerstandes von der Orientierung der Magnetisierung relativ zur Stromflussrichtung

Ein Magnetfeld H_y senkrecht zur Stromrichtung bewirkt eine Drehung der Magnetisierung M um den Winkel Φ, wobei gilt:

$$\sin\Phi = \frac{H_y}{H_k} \tag{4.16}$$

Für die Widerstandsänderung $R(\Phi)$ gilt:

$$R(\Phi) = R_{max} - \Delta R\left(\frac{H_y}{H_k}\right)^2 = R_{max} - \Delta R\sin^2\Phi \tag{4.17}$$

Auch bei diesem Sensorprinzip ändert sich der Widerstand quadratisch mit der Feldstärke H_y, bis eine vollständige Ausrichtung der Magnetisierung bei der Koerzitivfeldstärke H_k erfolgt ist. Eine weitere Reduktion in R ist nicht mehr möglich.

Um die Empfindlichkeit der ferromagnetischen magnetoresistiven Sensorelemente für kleine Feldstärken zu erhöhen und auch die Feldrichtung erkennen zu können, wird vergleichbar zur Feldplatte ein Offset-Signal vorgegeben. Aufgedampfte elektrische Leiterbahnen, die unter einem Winkel von 45° zur Magnetisierungsrichtung über dem Permalloyfilm verlaufen, bewirken einen Stromfluss im Permalloyfilm, der ebenfalls unter einem Winkel von 45° verläuft. Bild 4.10 zeigt die sogenannte Barberpole-Anordnung zur empfindlichen Magnetfelddetektion mit Feldrichtungserkennung.

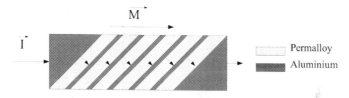

Bild 4.10: Barberpole-Struktur zur Drehung der Stromflussrichtung um 45° zur Magnetisierung

4.1.3 Fotoelektrische Effekte

Fotoelektrische Detektoren lassen sich in Fotowiderstände, fotovoltaische Zellen, Fotodioden und Fotobipolar-Transistoren unterteilen. Allen gemeinsam ist die minimal erforderliche Energie der auftreffenden Strahlung, die durch die Wellenlänge des Lichts bzw. der Strahlungsfrequenz bestimmt wird. Sie muss zur Anregung der Ladungsträger aus dem Valenzband des Halbleiters in das Leitungsband ausreichen und damit größer als die Energiedifferenz der Bandlücke sein.

Fotowiderstände bestehen aus einem schwach dotierten Halbleiter, der an seinen Enden mit einem Metallkontakt versehen ist. Durch einfallendes Licht werden Ladungsträger aus dem Valenzband ins Leitungsband angehoben, sodass die Zahl der freien Ladungsträger mit steigendem

Bestrahlungsstärke wächst und folglich der Widerstand zwischen den Anschlüssen sinkt. Die Ladungsträger bewegen sich durch Diffusion im Halbleiter, somit ist die Schaltgeschwindigkeit der Fotowiderstände gering. Die Widerstandsmessung erfordert eine Hilfsenergiequelle, damit handelt es sich bei einem Fotowiderstand um einen Sensor.

Fotovoltaische Zellen bestehen aus großflächigen pn-Übergängen zur Ladungsträgergeneration durch Lichteinfall. Sie dienen zur Stromerzeugung aus Lichtenergie, folgerichtig handelt es sich um Transducer. Aufgrund der ausgedehnten pn-Übergänge ist die Sperrschichtkapazität der fotovoltaischen Zelle sehr hoch, sodass nur geringe Schaltgeschwindigkeiten erzielt werden können.

Als Sensoren für Photonen haben sich Fotodioden durchgesetzt. Dabei handelt es sich um pn- oder pin-Dioden, die in Sperrrichtung elektrisch vorgespannt werden. Der Sperrstrom wächst proportional zum einfallenden Strahlungsfluss und damit zur absorbierten Strahlungsleistung. Empfindlichkeit und Schaltgeschwindigkeit einer pin-Diode sind größer als bei einer pn-Diode, da die sich über den gesamten intrinsischen Bereich erstreckende Raumladungszone als lichtempfindliche Fläche dient und zusätzlich noch für eine geringe Sperrschichtkapazität sorgt. Des Weiteren bewegen sich die Ladungsträger innerhalb der Raumladungszone durch Drift; einer im Vergleich zur Diffusion deutlich höheren Geschwindigkeit.

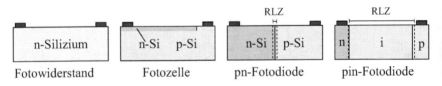

Fotowiderstand   Fotozelle   pn-Fotodiode   pin-Fotodiode

Bild 4.11: Bauformen von Fotodetektoren zur Erfassung einer optischen Strahlungsleistung

4.1.4 Piezoresistiver Effekt

Als piezoresistiver Effekt wird die Änderung des spezifischen Widerstandes unter Einwirkung mechanischer Spannungen durch Druck- oder

Zugbelastung bezeichnet. Während bei metallischen Dehnungsmess-streifen die geometrische Verformung zu einer Widerstandsänderung führt, treten in Halbleitern zusätzliche Effekte auf.

Infolge einer äußeren Krafteinwirkung auf einen Halbleiterkristall vergrößert oder verkleinert sich der Abstand der Atome im Kristallgitter und damit ändern sich sowohl der Bandabstand als auch die Form der Bänder des Halbleiters. Folglich ändert sich auch die Anzahl der Elektronen im Leitungsband sowie - als überwiegender Effekt in dotierten Halbleitern - die effektive Masse bzw. Beweglichkeit der Ladungsträger aufgrund der Krafteinwirkung. Die Widerstandsänderung aufgrund der Geometrieänderung ist gegenüber diesen Effekten ver-nachlässigbar.

Für einen unbelasteten Halbleiter gilt der Zusammenhang zwischen der Stromdichte $\vec{j}$ und der elektrischen Feldstärke $\vec{E}$ nach dem Ohm'schen Gesetz:

$$\vec{E} = \rho_0 \vec{j}$$

(4.18)

mit ρ_0 als spezifischem Widerstand. Für einen n-dotierten Halbleiter ist ρ_0 gegeben durch:

$$\rho_0 = \frac{1}{e\, n\, \mu_0} = \frac{1}{en(\dfrac{\mu_l}{3} + \dfrac{2\mu_t}{3})}$$

(4.19)

Die Beweglichkeit μ_0 der Ladungsträger setzt sich aus der longitudinalen und der transversalen Beweglichkeit μ_l und μ_t zusammen, die jeweils durch mechanische Spannungen verändert werden. Folglich verändert sich auch der Widerstand ρ.

Infolge der Verspannungen im Kristallgitter ist die Ladungsträger-beweglichkeit nicht mehr isotrop, die elektrische Feldstärke $\vec{E}$ und die Stromdichte $\vec{j}$ verlaufen nicht mehr parallel zueinander. Der Zusam-menhang zwischen $\vec{E}$ und $\vec{j}$ wird durch den Tensor 2. Ordnung des spezifischen elektrischen Widerstandes beschrieben:

$$\vec{E} = \underline{\rho}\,\vec{j} = \rho_0 (1 + \frac{\Delta \rho}{\rho_0})\,\vec{j} \tag{4.20}$$

Der Zusammenhang zwischen den jeweiligen Widerstandsänderungen und den mechanischen Spannungskomponenten wird durch den π-Tensor beschrieben:

$$\frac{\Delta \rho}{\rho_0} = \underline{\underline{\pi}}\,\underline{\sigma}_m \tag{4.21}$$

Dabei ist $\underline{\underline{\pi}}$ die Tensorschreibweise der "piezoresistiven Koeffizienten", er besteht im allgemeinen aus 36 Komponenten, die von den Kristallrichtungen abhängen. Bei kubischen Kristallen wie Silizium reduziert sich der Tensor auf 3 temperatur-, dotierungs- und druckabhängige Koeffizienten π_{11}, π_{12} und π_{44}. Für diesen Fall lässt sich Gleichung (4.21) wie folgend in Matrixschreibweise darstellen:

$$\begin{pmatrix} \Delta \rho_1 \\ \Delta \rho_2 \\ \Delta \rho_3 \\ \Delta \rho_{12} \\ \Delta \rho_{13} \\ \Delta \rho_{23} \end{pmatrix} = \rho_0 \begin{pmatrix} \pi_{11} & \pi_{12} & \pi_{12} & 0 & 0 & 0 \\ \pi_{12} & \pi_{11} & \pi_{12} & 0 & 0 & 0 \\ \pi_{12} & \pi_{12} & \pi_{11} & 0 & 0 & 0 \\ 0 & 0 & 0 & \pi_{44} & 0 & 0 \\ 0 & 0 & 0 & 0 & \pi_{44} & 0 \\ 0 & 0 & 0 & 0 & 0 & \pi_{44} \end{pmatrix} \begin{pmatrix} \sigma_{m1} \\ \sigma_{m2} \\ \sigma_{m3} \\ \tau_{12} \\ \tau_{13} \\ \tau_{23} \end{pmatrix} \tag{4.22}$$

Der longitudinale piezoresistive Koeffizient π_L liegt bei einem Stromfluss und einem elektrischen Feld parallel zur Richtung der Krafteinwirkung vor. Damit gilt im Fall einer Ausrichtung entlang der (100)-Kristallorientierung:

$$E_1 = \rho_0 (1 + \pi_{11}\,\sigma_{m1})\,j_1 \tag{4.23}$$

d. h. π_L folgt aus:

$$\frac{\Delta \rho_L}{\rho_0} = \pi_{11}\,\sigma_{m1} = \pi_L\,\sigma_{m1} \tag{4.24}$$

Beim transversalen piezoresistiven Effekt verlaufen Stromfluss und Feldrichtung parallel, jedoch senkrecht zur Krafteinwirkung. Es gilt:

$$E_1 = \rho_0 \left(1 + \pi_{12} \sigma_{m2} \right) j_1 \qquad (4.25)$$

d. h. für den transversalen piezoresistiven Koeffizienten gilt:

$$\frac{\Delta \rho_T}{\rho_0} = \pi_{12} \sigma_{m2} = \pi_T \sigma_{m2} \qquad (4.26)$$

Im Fall der Ausrichtung des Feldes und der Stromdichte entlang einer (111)-Richtung setzt sich π_L wie folgend zusammen:

$$\pi_L = -\frac{1}{3} \left(\pi_{11} + 2\pi_{12} + 2\pi_{44} \right) \qquad (4.27)$$

Eine wichtige Anwendung in der Mikrosystemtechnik ist die Ausrichtung der piezoresistiven Widerstände parallel oder senkrecht zum Flat einer (100)-orientierten Siliziumscheibe. In diesen Fällen gilt für den longitudinalen bzw. den transversalen piezoresistiven Koeffizienten:

$$\pi_L = \frac{1}{2} \left(\pi_{11} + \pi_{12} + \pi_{44} \right) \qquad (4.28)$$

$$\pi_T = \frac{1}{2} \left(\pi_{11} + \pi_{12} - \pi_{44} \right) \qquad (4.29)$$

Der Zusammenhang zwischen der mechanischen Spannung σ_m und der Dehnung ε_m ist über das Hook'sche Gesetz gegeben:

$$\sigma_m = E_{Si} \epsilon_m = E_{Si} \frac{\Delta l}{l} \qquad (4.30)$$

mit E_{Si} als Elastizitätsmodul von Silizium, welches ebenfalls von der Kristallorientierung abhängt und zwischen $(1,3-1,87) \cdot 10^{11} \, \text{Nm}^{-2}$ beträgt.

Tabelle 4.3: Piezoresistive Koeffizienten π_{ij} für n- und p-dotiertes einkristallines Silizium /31/

	Spezifischer Widerstand	π_{11}	π_{12}	π_{44}
n-Silizium	11,7 Ωcm	-102,2	53,4	-13,6
p-Silizium	7,8 Ωcm	6,6	-1,1	138,1

Folglich ist die Längenänderung in eindimensionaler Näherung unter Annahme eines isotropen Verhaltens mit der Widerstandsänderung verknüpft:

$$\frac{\Delta \rho}{\rho_0} = \pi \, \sigma_m = \pi \, E_{Si} \frac{\Delta l}{l} = K \frac{\Delta l}{l} \qquad (4.31)$$

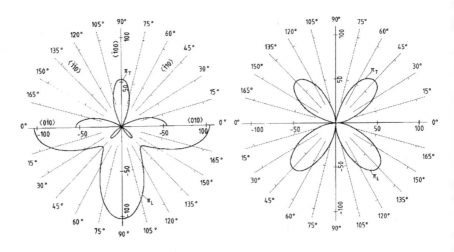

Bild 4.12: Richtungsabhängigkeit der piezoresistiven Koeffizienten π_L und π_T für n-leitende (links) und p-leitende (rechts) (100)-orientierte Siliziumscheiben /32/

Damit steht für den piezoresistiven Effekt vergleichbar zum Metall-Dehnungsmessstreifen ein K-Faktor zur Beschreibung der Widerstandsänderung in Abhängigkeit von der Längenänderung zur Verfügung. Allerdings sind im Gegensatz zu Metallen mit K = 2...6 hier bei geeignet gewählter Ausrichtung des Kristalls Werte von K ≥ 100 möglich.

Tabelle 4.4: K-Faktoren von n- und p-leitendem Silizium für (100)- und (110)-Scheibenoberflächen (nach /32/)

Scheiben-orientierung	Richtung an der Oberfläche	π_L [10^{-11} Pa]	K-Faktor p-Si
		π_T [10^{-11} Pa]	K-Faktor n-Si
100	110 longitudinal	71,8	121,3
		-31,2	-52,7
110	100 longitudinal	6,6	8,58
		102,2	-132,9
110	111 longitudinal	93,5	175,8
		-7,5	-14,1
100	110 transversal	-66,3	-112,1
		-17,6	-29,7
110	100 transversal	-1,1	-1,9
		53,4	90,2
110	111 transversal	-44,6	-75,8
		6,1	10,4

Die piezoresistiven Koeffizienten weisen eine starke Temperaturabhängigkeit auf, sodass in diesen Sensoren für eine genaue Messung stets eine parallele Erfassung der Betriebstemperatur erforderlich ist. Über eine Kompensationsschaltung wird dann die thermisch bedingte Widerstandsänderung aus der Gesamtwiderstandsänderung heraus gerechnet, sodass nur die mechanisch verursachte Widerstandsveränderung als Messsignal zur Verfügung steht.

144   4 Sensor- und Aktoreffekte

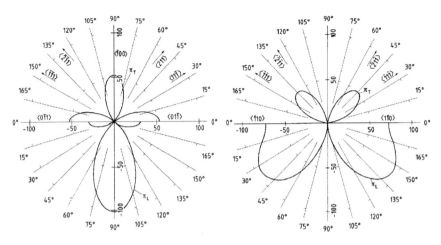

Bild 4.13: Richtungsabhängigkeit der piezoresistiven Koeffizienten π_L und π_T für n-leitende (links) und p-leitende (rechts) (110)-orientierte Siliziumscheiben /32/

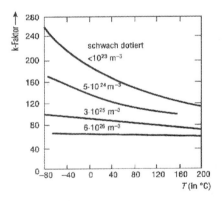

Bild 4.14: Temperaturabhängigkeit des K-Faktors von kristallinem Silizium in (111)-Richtung mit der Dotierungskonzentration als Parameter

Ein weiterer ungewollter Effekt ist der Leckstrom, der bei Betriebstemperaturen über 150°C in pn-Übergängen auftritt. Dieser kann durch Polysiliziumwiderstände, die durch Oxid vom Kristall isoliert sind, vermieden werden. Der Arbeitsbereich erhöht sich dadurch auf ca.

300°C. Allerdings sind die K-Faktoren für polykristallines Silizium erheblich geringer als für kristallines Material. Die Werte betragen in Abhängigkeit von der Dotierung und Temperatur maximal ca. 40, sie sind im Bild 4.15 dargestellt.

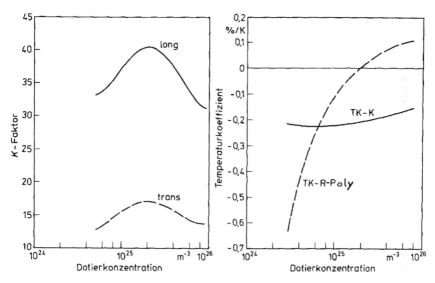

Bild 4.15: Dotierungsabhängigkeit und Temperaturgang des K-Faktors zur Beschreibung des piezoresistiven Effektes im Polysiliziumwiderstand

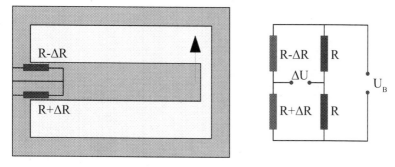

Bild 4.16: Integration und Verschaltung der piezoresistiven Widerstände zur gleichzeitigen Erfassung von Zug- und Druckspannungen bei einer Auslenkung des Steges in der Ebene

Piezoresistive Widerstände werden im Bereich der höchsten mechanischen Verspannung eines Bauelementes angebracht. Eine Auslenkung bewirkt eine Dehnung oder Stauchung des Elements, woraus die Widerstandsänderung resultiert. Durch Kombination von zwei oder vier Sensoren, die gegenläufig angeordnet sowohl Zug- als auch Druckspannung erfahren, lässt sich eine Halb- bzw. Vollbrücke zur Signalerfassung zusammenschalten (Bild 4.16).

4.1.5 Piezoelektrischer Effekt

Der piezoelektrische Effekt tritt nur in unsymmetrischen nichtleitenden Kristallen mit eingebautem elektrischen Dipolmoment auf. Durch Einwirken einer Kraft auf den piezoelektrischen Kristall findet eine mechanische Verformung und damit eine Verschiebung der Ladungsschwerpunkte im Material statt, sodass zwischen den Oberflächen ein elektrisches Feld entsteht bzw. sich an den Oberflächen Ladungsträger ansammeln.

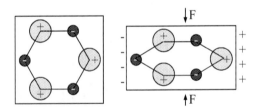

Bild 4.17: Piezoelektrischer Kristall, links ohne Krafteinwirkung mit symmetrischer Ladungsverteilung, rechts bei Verschiebung der Ladungsschwerpunkte infolge einer Krafteinwirkung

Dabei gilt im Fall der elastischen Verformung der lineare Zusammenhang zwischen der verschoben Ladung Q und der einwirkenden Kraft F:

$$Q = p \ F \qquad\qquad (4.32)$$

p ist der materialabhängige piezoelektrische Koeffizient, der in der Größenordnung von 1 ... 1000 · 10^{-12} As/N liegt.
Im kubischen Siliziumkristall ist der Effekt nicht vorhanden, er lässt sich in der Mikrosystemtechnik nur durch zusätzlich aufgebrachte spezielle Schichten nutzen. Wichtigste Materialien dazu sind die Werkstoffe AlN, Quarz, Bleizirkonattitanat, Polyvenylidenfluorid (PVDF), ZnO, LiNbO$_3$ und LiTaO$_3$.

Tabelle 4.5: Piezoelektrische Koeffizienten und Curietemperatur gebräuchlicher Werkstoffe /33/

	$p\ [10^{-12}\ C/N]$	Curietemperatur [°C]
a-Quarz	2,3	>1000
LiNbO$_3$	68	1150
ZnO	50-60	> 80
BaTiO$_3$	550	120
PZT	584	330
PVDF	20-30	ca. 85

Anstelle der in Bild 4.16 skizzierten piezoresistiven Widerstände lassen sich grundsätzlich auch piezoelektrische Kristalle aufbringen. Sie erfahren mechanische Verformungen bei einer Stegauslenkung, die als Spannungsimpulse bzw. Oberflächenladungen an den Kristallen abgegriffen werden können. Da die in der Mikrosystemtechnik integrierbaren Kristallquerschnitte jedoch sehr klein sind, treten äußerst geringe Ladungsänderungen an der Oberfläche auf. Statische Auslenkungen lassen sich nur sehr schwer mit piezoelektrischen Kristallen erfassen, dynamische Vorgänge dagegen liefern kontinuierliche Ladungsänderungen, die einfacher auszuwerten sind.

4.1.6 Fotoelastischer Effekt

Der fotoelastische Effekt beschreibt die Wirkung einer mechanischen Belastung auf die optischen Eigenschaften eines Lichtwellenleiters. Aufgrund einer von außen einwirkenden Kraft entsteht im lichtführenden Film eine mechanische Spannung σ, die den ursprünglich homogenen Brechungsindex n entsprechend Gleichung (4.33) verändert:

$$\begin{pmatrix} n_x \\ n_y \\ n_z \end{pmatrix} = \begin{pmatrix} n \\ n \\ n \end{pmatrix} + \begin{pmatrix} c_1 & c_2 & c_2 \\ c_2 & c_1 & c_2 \\ c_2 & c_2 & c_1 \end{pmatrix} \begin{pmatrix} \sigma_x \\ \sigma_y \\ \sigma_z \end{pmatrix} \qquad (4.33)$$

Dabei sind die Koeffizienten c_i materialabhängig. Näherungsweise gilt für $c_1 = C_\sigma$ und $c_2 = -v C_\sigma$; für Siliziumdioxid beträgt $C_\sigma = 2{,}4 \cdot 10^{-12}\,\mathrm{m^2/N}$.

Für einen in x-Richtung verlaufenden Lichtwellenleiter auf einer Membran in der xy-Ebene vereinfacht sich Gleichung (4.33), da bei kleinen Membranauslenkungen keine mechanischen Spannungen in z-Richtung auftreten ($\sigma_z = 0$). Es folgt für die senkrecht zur Ausbreitungsrichtung des Lichts stehenden Komponenten des Brechungsindexes:

$$n_y = n + c_2 \sigma_x + c_1 \sigma_y = n + C_\sigma (\sigma_y - v \sigma_x) \qquad (4.34)$$

$$n_z = n + c_2 \sigma_x + c_2 \sigma_y = n - v C_\sigma (\sigma_x + \sigma_y) \qquad (4.35)$$

Durch die Brechungsindexänderung in Abhängigkeit von der mechanischen Belastung des Wellenleiters erfährt das geführte Licht eine Änderung der Ausbreitungsgeschwindigkeit. Folglich findet eine Phasenverschiebung statt, die im Mach-Zehnder-Interferometer durch konstruktive oder destruktive Interferenz eine Intensitätsmodulation am Ausgang bewirkt. Der Gangunterschied G zwischen dem Mess- und dem Referenzsignal bei einer Krafteinwirkung über die Länge a des Wellenleiters beträgt:

$$G = a C_\sigma [\sigma_y - v \sigma_x] \qquad (4.36)$$

Damit beträgt die Phasenverschiebung $\Delta\Phi$:

$$\Delta\Phi = \frac{2\pi}{\lambda} a C_\sigma [\sigma_y - \nu\sigma_x] \qquad (4.37)$$

Um den relativ schwachen Effekt in der integrierten Optik auf Silizium zu nutzen, sind Wellenleiterlängen a, auf denen die Kraft einwirkt, von zumindest einigen 10 µm für die Sensoren erforderlich.

4.1.7 Chemische Sensoreffekte

Zur Nachweis spezieller Gase oder zur Analyse der Zusammensetzung von Gasgemischen eignen sich Pellistoren oder Metalloxid-Gassensoren, die beim Auftreten bestimmter Gasarten eine konzentrationsabhängige Widerstandsänderung als Ausgangssignal liefern.

Der Pellistor ist zur Messung der Konzentration eines brennbaren Gases in der Umgebungsluft geeignet. Er misst die an seiner Oberfläche infolge einer katalytischen Verbrennung entstehende Temperaturerhöhung. Durch die Verbrennungsleistung P_{kat} entsteht eine Temperaturdifferenz ΔT, die im thermodynamischen Gleichgewicht nur von der thermischen Leitfähigkeit G_{th} bestimmt wird:

$$\Delta T = \frac{P_{kat}}{G_{th}} \qquad (4.38)$$

Um die katalytische Reaktion auslösen zu können, wird der Sensor auf ca. 100-600°C erhitzt. Das Gas reagiert am Katalysator mit dem Luftsauerstoff aus der Umgebung, dabei wird die Leistung P_{kat} freigesetzt:

$$P_{kat} = \frac{\partial n_g}{\partial t} E_{reak} \qquad (4.39)$$

Die Leistung entspricht der Anzahl der Zersetzungsvorgänge bzw. reagierenden Teilchen pro Zeiteinheit $\partial n_g/\partial t$ sowie der bei jeder einzelnen Reaktion freigegebenen Energie E_{reak}. Wird der Katalysator

elektrisch über einen Widerstand R_h mit der Leistung P_{el} geheizt, so folgt
für die Temperaturänderung ΔT:

$$T + \Delta T = \frac{\dfrac{\partial n_g}{\partial t} E_{reak} + P_{el}}{G_{th}} \qquad (4.40)$$

Führt der Katalysator zur sofortigen Reaktion des Gases, so bestimmt die
Konzentration c_g die Anzahl der Zersetzungsvorgänge je Zeiteinheit.
Damit gilt für die Temperaturerhöhung bei Anwesenheit nur eines
reaktionsfähigen Gases:

$$\Delta T = \frac{E_{reak}}{G_{th}} c_g = konst. \, c_g \qquad (4.41)$$

Der Pellistor liefert als Ausgangssignal eine Widerstandsänderung, die
durch die Temperaturänderung infolge der Gasverbrennung bestimmt ist.

Oxidierende und reduzierende Gase lassen sich auch über die chemische
Reaktion mit Metalloxiden nachweisen. Halbleitende Metalloxide wie
ZnO, SnO_2, V_2O_5, WO_3 oder andere ändern ihre Leitfähigkeit in Abhängigkeit von der Sauerstoffleerstellenkonzentration im Material. Jede
Leerstelle gibt ein Elektron an das Leitungsband des Halbleiters ab,
erhöht damit die Ladungsträgerdichte und senkt den elektrischen Widerstand. Dieser Effekt lässt sich zur Messung der Konzentration oxi-
dierender oder reduzierender Gase ausnutzen.

Wird der Atmosphäre ein reduzierendes Gas (H_2, CH_4, CO) zugegeben,
so bindet das Gas ein Sauerstoffatom aus der Halbleiteroberfläche. Das
Sauerstoffatom hinterlässt folglich eine zusätzliche Leerstelle, die
elektrische Leitfähigkeit des Halbleiters steigt.

Dagegen geben oxidierende Gase (NO_2, SO_2) ein Sauerstoffatom an den
Halbleiter ab, sodass eine Leerstelle aufgefüllt wird. Der elektrische
Widerstand des Halbleiters steigt durch Verminderung der Zahl der
freien Ladungsträger.

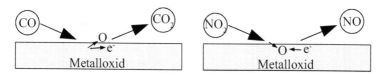

Bild 4.18: Veränderung der elektrischen Leitfähigkeit durch Reduktion bzw. Oxidation des Metalloxides

Der Effekt hängt stark von der Sauerstoffkonzentration in der umgebenden Atmosphäre ab, da diese die Leerstellenkonzentration ebenfalls beeinflusst. Um möglichst schnell ein thermodynamisches Gleichgewicht zwischen der Sauerstoffaufnahme und -abgabe zu erhalten, wird das Metalloxid auf einige 100°C erhitzt. Erst dann ist die Messung von Gaskonzentrationen möglich.

4.2 Aktoreffekte

Mikromechanische Bauelemente benötigen für ihren Einsatz vielfach eine Aktorik, um die beweglichen Komponenten auf dem Chip über eine Krafteinwirkung anzusteuern. Häufig wird bisher anstelle eines Aktors lediglich ein Leistungstransistor zur Steuerung eines externen Bauelementes integriert, weil die Mikromechanik noch kein für die Anwendung geeignetes Bauteil in integrationsfähiger Form zur Verfügung stellen kann.

Die in der Aktorik erforderliche anregende Kraft sollte möglichst elektrisch erzeugt werden können. Dazu stehen verschiedene Transducer zur Verfügung, die elektrische Energie in kinetische oder potenzielle Energie umsetzen.

Viele bewegliche Elemente lassen sich nicht reibungsfrei und damit verschleißfrei lagern, sodass für Rotoren oder Exenterantriebe keine hohen Lebensdauern zu erwarten sind. Kugellagerungen können bislang nicht integriert werden, einzig eine Gleitlagerung mit geringem Spalt zwischen den beweglichen und den festen Komponenten eines Antriebs ist herstellbar.

Um weitgehend verschleißfreie Antriebe in integrierten Bauelementen zu realisieren, sollten folglich reibungsbehaftete Lagerungen vermieden und möglichst nur elastische Elemente eingesetzt werden. Statt eines Rotors, der auf einer Achse gelagert ist, lässt sich z. B. im Drehratensensor ein elastisch aufgehängter Drehschwinger einsetzen. Antriebe mit elastischen Komponenten sind in der Mikrosystemtechnik den gelagerten Systemen bezüglich ihrer Lebensdauer überlegen und damit zu bevorzugen.

4.2.1 Elektrostatische Aktoren

Elektrostatische Aktoren nutzen die Coulombkräfte zwischen geladenen Elektroden zur Erzeugung einer mechanischen Bewegung. Als Funktionsprinzipien bieten sich die Abstandsänderung zwischen den Elektroden oder die Variation der überlappenden Elektrodenfläche an. Beide Effekte führen zu einer Kapazitätsänderung. Dagegen lässt sich die Kapazitätsveränderung durch Modifikation der Dielektrizitätskonstanten zwischen den Elektroden nur als Sensoreffekt nutzen.

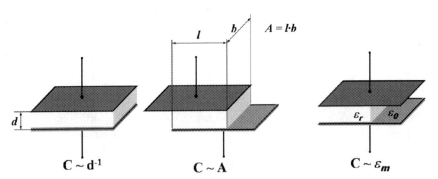

Bild 4.19: Elektrostatische Kräfte können eine Abstandsänderung oder eine Änderung der Flächenüberlappung bewirken, während die Veränderung der Dielektrizitätszahl nur als Sensoreffekt genutzt werden kann

Die Coulombkraft F, die auf eine Kondensatorplatte der Fläche A im Abstand d wirkt, lässt sich aus der Änderung der gespeicherten Energie

∂W bei einer Abstandsänderung ∂d berechnen. Für eine konstante Spannung U gilt:

$$F = \frac{\partial W}{\partial d} = \frac{\partial}{\partial d}\left(\epsilon \frac{AU^2}{d}\right)$$

$$(4.42)$$

Damit folgt für den Betrag der Kraft unter Vernachlässigung von Streufeldern:

$$F = \epsilon \frac{AU^2}{d^2}$$

$$(4.43)$$

Für den Fall der seitlich an die Elektrode angreifenden Kraft (Bild 4.19, Mitte) gilt analog die Betrachtung der Energieänderung bei einer Veränderung der Überlappung a:

$$F = \frac{\partial}{\partial a}\left(\epsilon \frac{abU^2}{d}\right) = \epsilon \frac{bU^2}{d}$$

$$(4.44)$$

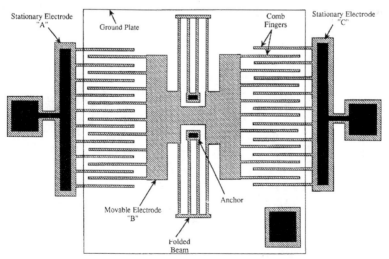

Bild 4.20: Elektrostatischer Kammantrieb /34/

Diese elektrostatischen Kräfte werden in Mikromotoren, Mikropumpen und Kammantrieben genutzt, indem zwischen einer fixierten und einer beweglichen Elektrode eine Spannung angelegt wird. Die erforderlichen Steuerspannungen liegen zwischen einigen 10 bis einigen 100 Volt.

4.2.2 Elektromagnetische Antriebe

Elektromagnetische Antriebe ermöglichen sehr hohe Energiedichten im Bereich um $2 \cdot 10^6$ J/m^3, die bei den elektrostatischen Antrieben erst bei einem Elektrodenabstand von ca. 1 μm erreicht werden. Sie erfordern jedoch Spulen zu Erregung eines Magnetfeldes. Spulen lassen sich nur mit sehr wenigen Windungen in der Planartechnik herstellen, außerdem erfordert die Integration eines weichmagnetischen Kerns aufwändige Prozessschritte.

Es existieren vereinzelte Aktoren, die mit kernlosen Elektromagneten arbeiten, auch werden Permanentmagnete in Linearmotoren eingesetzt, die über Spulen angesteuert werden. Jedoch ist die elektromagnetische Antriebstechnik bislang in der Mikrosystemtechnik nicht weit verbreitet, da elektrostatische Aktoren vergleichbare Kräfte bei geringerer Leistungsaufnahme (Spannungs- kontra Stromsteuerung) ermöglichen.

4.2.3 Thermoelektrische Aktorik

Verändert sich die Temperatur eines Stoffes, so ändert sich dessen Länge bzw. dessen Volumen. Der Grad der Änderung wird durch den thermischen Expansionskoeffizienten beschrieben. Dieser Effekt lässt sich für Mikroaktoren nutzen, indem ein elektrischer Widerstand seine Verlustleistung in Form von Wärme an den Untergrund weiterleitet und dort zu einer lokalen Erwärmung bzw. Ausdehnung führt. Dabei bewirkt die Oberflächenerwärmung eine Verbiegung der Struktur und damit eine mechanische Bewegung, die vergleichbar zum Bimetall-Effekt ist.

Die Stärke der Auslenkung hängt von den gewählten Materialien und von der erzielten Temperaturdifferenz in der Struktur ab; dabei lassen sich relativ hohe Kräfte erreichen. Allerdings ist die erforderliche Leistung zur Ansteuerung der Elemente mit einigen Milliwatt im Vergleich zum kapazitiven Antrieb hoch.

Tabelle 4.6: Thermische Ausdehnungskoeffizienten typischer Materialien der Halbleiterprozesstechnik /35/

Si	SiO_2	Si_3N_4	Al	Ti	Ni	Cu	Al_2O_3	AlN	Au
4,7	0,5	3,1	23,5	8,9	13,3	17	6,5	2,6	14,1

Die maximale Arbeitsfrequenz eines thermoelektrischen Aktors ist durch die thermische Leitfähigkeit des Materials und die Wärmekapazität der Struktur auf einige hundert Hertz bis wenige Kilohertz begrenzt. Während das Aufheizen durch spontane Energiezufuhr sehr schnell erfolgen kann, schränkt der Wärmewiderstand den Abtransport der zugeführten Energie ein und bestimmt damit die Zeitkonstante des Aktors.

4.2.4 Piezoelektrische Antriebstechnik

Piezoelektrische Antriebe nutzen den bereits in der Sensorik behandelten Zusammenhang zwischen der elektrischen Feldstärke und der Verformung eines unsymmetrischen Kristalls mit elektrischem Dipolmoment. Durch Anlegen eines elektrischen Feldes verformt sich der Kristall reversibel, sodass über die Höhe der Spannung die Länge bzw. Breite des piezoelektrischen Elementes eingestellt werden kann.

Piezoelektrische Aktoren verbinden große Stellkräfte mit hohen Reaktionsgeschwindigkeiten und geringen Steuerleistungen. Allerdings ist die erforderliche Betriebsspannung piezoelektrischer Aktoren mit einigen hundert Volt sehr hoch. Zudem fehlen bislang Verfahren zur reproduzierbaren Abscheidung und Strukturierung hochwertigen piezoelektrischer Schichten auf den Substraten. Sputtertechniken in Verbindung mit Hochtemperaturschritten ermöglichen zwar ihre Integration aus Blei-Zirkonat-Titanat (PZT), jedoch sind Schichten von mehreren Mikrometer

Dicke für effektive Aktorfilme erforderlich. Diese lassen sich nur sehr schwer strukturieren.

Folglich ist der Einsatz piezoelektrischer Aktoren weitgehend auf die hybrid hergestellten Mikrosysteme beschränkt. Dabei werden metallisierte Plättchen oder Folien aus PZT oder PVDF auf das zu bewegende Element geklebt und über Bonddrähte mit den bereits integrierten Leiterbahnen des Substrats verbunden.

4.2.5 Formgedächtnis-Legierungen

Beim Erhitzen von speziellen Nickel-Titan- oder Kupfer-Aluminium-Zink-Legierungen tritt ab einer Umwandlungstemperatur T_U ein Übergang in der Kristallstruktur auf, der zu einer Dichteänderung bzw. Materialdehnung führt. Dieser Übergang von der Martensit- in die Austenit-Phase bewirkt bei den genannten im kalten Zustand verformten Legierungen einen „Erinnerungseffekt", d. h. der verformte Körper springt beim Erhitzen auf die Temperatur T_U wieder zurück in seine ursprüngliche Form. Durch Abkühlen unter T_U kann allerdings der Ausgangszustand nicht wieder erreicht werden.

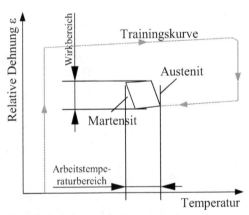

Bild 4.21: Zweiweg-Formgedächtniseffekt mit Temperaturgang zur Einstellung des Formeffektes

Für einen mikromechanischen Antrieb ist der zuvor genannte einfache Formgedächtniseffekt folglich nicht verwertbar. Allerdings lässt sich durch eine spezielle Temperaturbehandlung der Legierungen ein Zweiwegeffekt mit geringerem Erinnerungsvermögen einstellen, sodass das Material bei Temperaturwechselbelastung mit verringerter Amplitude zwischen zwei Zuständen hin- und herspringt (Bild 4.21).

NiTi-Legierungen erreichen Dehnungswerte von bis zu 6% für den Mehrwegdehnungseffekt, die in mechanische Ausschläge von einigen 100 μm umgesetzt werden können. Allerdings ist der Effekt mit Frequenzen im Bereich um 1-10 Hz relativ träge.

4.2.6 Magnetostriktiver Effekt

Nickel und Legierungen aus Eisen und Samarium oder Eisen mit Terbium und Dysprosium (Terfenol D, $Tb_{0,3}Dy_{0,7}Fe_{1,9}$) zeigen bei Anlegen eines Magnetfeldes eine relative Änderung ihrer Ausdehnung in Richtung des Feldes um bis zu $2 \cdot 10^{-3}$. Der Effekt wird Magnetostriktion oder „Joule-Effekt" genannt und tritt in vielen ferromagnetischen Werkstoffen unterhalb der Curie-Temperatur auf.

Die erforderlichen Magnetfelder betragen einige 100 mT, sie lassen sich durch Spulen erzeugen. Da die Magnetostriktion quadratisch vom Feld abhängt, ist die Richtung des Feldes irrelevant. Allerdings wirken sich kleine Felder auch nur schwach auf die Längenänderung auf, sodass über eine Vormagnetisierung günstigere Eigenschaften, d. h. größere Längenänderungen, erreicht werden.

Für mikrosystemtechnische Anwendungen wird der Effekt bislang kaum genutzt, da die erforderlichen Magnetfeldstärken auf dem Chip nicht erzeugt werden können.

5 Monolithisch integrierte Mikrosysteme

Monolithisch integrierte Mikrosysteme mit Sensorik, Signalverarbeitung und Aktorik auf einem Chip gelten als das angestrebte Ziel in der Systemintegration. Diese „Ein-Chip"-Lösungen versprechen hohe Zuverlässigkeiten in Verbindung mit minimalem Bauraum bei geringen Kosten für die Chipmontage. Allerdings steigt die Prozesskomplexität zur Integration mikrosystemtechnischer Bauelemente im Vergleich zur Hybridtechnik; eine reduzierte Ausbeute an funktionsfähigen Elementen ist eine unvermeidliche Auswirkung. Das folgende Kapitel verdeutlicht anhand ausgewählter Beispiele den Stand der Technik sowie die Perspektiven der monolithischen Systemintegration, speziell unter Anwendung des Halbleitermaterials Silizium.

5.1 Drucksensoren

Drucksensoren bestehen aus einer elastischen Membran, die zwei Bereiche unterschiedlichen Drucks von einander trennt. Aufgrund einer Druckdifferenz wirkt eine Kraft auf die Membran, die zur Verbiegung bzw. Auslenkung der dünnen Schicht führt. Die Verbiegung bewirkt mechanische Spannungen im Material, die ortsabhängig entweder als Zug- oder als Druckspannungen auftreten und sich über den piezoresistiven Effekt in ein elektrisches Signal umwandeln lassen. Entsprechend dieses Grundprinzips arbeiten viele mikromechanische Drucksensoren, die nahezu alle eine Siliziummembran als aktives Element enthalten.

Während die Membran in Volumenmikromechanik aus einkristallinem Material besteht, wird sie in der Oberflächenmikromechanik häufig als polykristalline Schicht abgeschieden. Die Oberflächenmikromechanik vereinfacht die Integration mikroelektronischer Komponenten auf dem gleichen Chip, da sich die Prozesstechniken zur Herstellung der Teilkomponenten Druckmembran und Elektronik vergleichsweise einfach von einander trennen lassen.

5.1.1 Drucksensoren in Volumen-Mikromechanik

Ausgangsmaterial für einen Drucksensor in Volumenmikromechanik ist eine p-leitende einkristalline Siliziumscheibe mit (100)- Oberflächenorientierung. Diese Scheibe wird lokal bis auf die Dicke der gewünschten Membran zurückgeätzt, wobei wegen der relativ einfachen Handhabung und der Umweltverträglichkeit nahezu ausschließlich KOH-Lösungen zum Einsatz kommen.

Als Maskierung dient häufig ein Siliziumdioxidfilm, der wegen der hohen erforderlichen Ätztiefe von 450-650 µm zumindest 1 µm dick sein sollte. Bessere Eigenschaften weist Siliziumnitrid auf, es maskiert die gleiche Ätzung bereits bei 50 nm Dicke.

Die gewünschte Membranstärke muss durch einen Ätzstopp definiert werden, denn infolge der Dickenschwankungen im Ausgangsmaterial lässt sich über eine Zeitsteuerung keine reproduzierbare Membranstärke herstellen. Um den Ätzstopp festzulegen, bieten sich zwei Varianten an, die auch Einfluss auf das zur Anwendung kommende Ätzverfahren nehmen:

– Aufbringen einer p^+-dotierten Stoppschicht durch Epitaxie

– Eindiffusion eines pn-Überganges in den Kristall

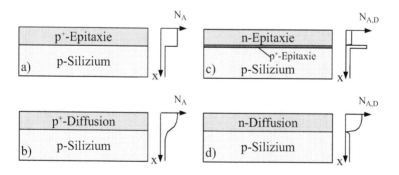

Bild 5.1: Ätzstoppschichten und Dotierungsverlauf im Silizium zur Herstellung einer Membran definierter Dicke, a) p^+-Epitaxie, b) Ionenimplantation von Bor mit anschließender Diffusion, c) Einbau einer p^+-Epitaxieschicht und d) diffundierter pn-Übergang als Ätzstopp

Stark mit Bor dotierte Ätzstoppschichten sind mechanisch verspannt und erfordern eine Spannungskompensation, z. B. durch Germanium-Dotierung. Außerdem führt die hohe Dotierung zur Entartung des Halbleitermaterials, sodass eine Integration von piezoresistiven Widerständen in diese Schicht ausscheidet. Sie müssen folglich als eine weitere abgeschiedene Halbleiterschicht mit n-leitendem Charakter nachträglich auf die spätere Membran aufgebracht werden.

Die Lage der hohen Bor-Dotierung unter der Scheibenoberfläche legt die Dicke der Membran fest. Da übliche Membranen zwischen 5 und 20 µm stark sind, reicht die Ionenimplantation mit einer maximalen Eindringtiefe im Silizium von ca. 600 nm für Bor-Ionen nicht aus. Folglich muss ein Diffusionsschritt zur Verteilung des implantierten Dotierstoffes in größere Tiefen folgen, um eine ausreichend starke Membran zu erzeugen. Trotzdem lassen sich per Bor-Dotierung über Ionenimplantation keine Membranen von mehr als etwa 10 µm Dicke Zeit herstellen, da die notwendige Dotierung von $5 \cdot 10^{17}\,cm^{-2}$ lange Implantationsschritte erfordert.

Alternativ bietet sich die Epitaxie zur Herstellung einer p^+-Ätzstoppschicht an. Während des Aufwachsens des Siliziums wird dem Abscheideprozess in hoher Konzentration das Dotiergas Diboran zugegeben, sodass der Dotierstoff direkt in die entstehende einkristalline Schicht eingebaut wird. Nach wenigen Mikrometern aufgewachsenem Silizium erfolgt ein Wechsel des Dotiergases, um eine schwach n-dotierte Schicht zur Aufnahme der piezoresistiven Widerstände zu ermöglichen. Die Dicke der gesamten epitaktisch aufgebrachten Schicht entspricht der gewünschten Membranstärke.

Unabhängig von der Herstellung der dotierten Schicht folgt das Aufbringen der Maskierung aus Siliziumdioxid oder Siliziumnitrid. Dabei sind PECVD-Schichten ungeeignet, denn die Selektivität der Ätzlösungen für die anisotrope Tiefenätzung zu den PECVD-Filmen ist zu gering. Gut geeignet sind thermisches Oxid oder LPCVD-Siliziumnitrid. Nach der fotolithografischen Strukturierung der Maskierung lässt sich nun aus der ursprünglich mehr als 500 µm dicken Siliziumscheibe eine definierte dünne Membran durch nasschemische Tauchätzung in KOH-Lösung erzeugen.

Die Epitaxie ist ein teuerer Prozessschritt, sodass anstelle des rein chemischen anisotropen Ätzens häufig das elektrochemische Ätzen zum Einsatz kommt. Dazu ist ein tief im Kristall liegender pn-Übergang notwendig. Die Eindiffusion eines pn-Überganges kann nach Implantation von Phosphorionen oder einer Oberflächenbelegung mit Phosphorglas erfolgen. Dazu wird die ursprünglich p-leitende Scheibe für einige Stunden auf 1000 bis 1200°C erhitzt, sodass der Dotierstoff mehrere Mikrometer in den Kristall eindringt.

Die genaue Tiefe kann aus der Oberflächenkonzentration, der Prozesstemperatur und der Dauer der thermischen Behandlung nach den Fick'schen Diffusionsgesetzen berechnet werden. Die Ätzung muss in diesem Fall elektrochemisch erfolgen, denn die Dotierung allein wirkt nicht als Ätzstopp.

Unabhängig von der Stoppschicht ist auch beim elektrochemischen Ätzen eine Maskierung erforderlich, die nicht zu ätzende Bereiche vor der KOH-Lösung schützt. Besonders geeignet dazu ist LPCVD-Si_3N_4, dieses wird von den basischen Lösungen nicht angegriffen. Im LPCVD-Verfahren werden beispielsweise 50 nm Nitrid auf der Scheibe abgeschieden, wobei prozessbedingt Vorder- und Rückseite eine Beschichtung erfahren.

Bild 5.2: Kegelstumpf, geätzt mit KOH-Lösung in (100)-Silizium, mit einer Tiefe von ca. 350 µm

Es folgt die Festlegung des Membranbereiches durch Ätzen einer Öffnung auf der der Membran gegenüber liegenden Waferseite (Rückseite). Dazu wird die Nitridschicht mit Fotolack abgedeckt und über eine entsprechende Maske belichtet. Der bestrahlte Bereich muss dabei deutlich größer als die Membran sein, da während des Ätzens ein Kegelstumpf in den Kristall hinein wächst, dessen Seitenflächen einen Winkel von 54,7° zur Oberfläche bilden (Bild 5.2).

Das Nitrid lässt sich zum Beispiel im Trockenätzverfahren mit SF_6 oder CHF_3/O_2 lokal entfernen. Nach Ablösen des Fotolackes folgt der mikromechanische Ätzschritt zur Erzeugung der Membran in KOH-Lösung. Üblich ist die Verwendung einer ca. 20 %-igen Ätzlösung bei 70-80°C, allerdings ist die Selektivität des Ätzens zu Siliziumdioxid bei schwächeren Lösungen und geringerer Temperatur höher. Der Ätzprozess verläuft entlang der (111)-Ebenen in den Kristall hinein, bis die p^+-Ätzstoppschicht erreicht wird.

Im Fall des elektrochemischen Ätzens liegt ein pn-Übergang in der Scheibe vor, der durch Anlegen einer Spannung in Sperrrichtung gepolt ist. Die KOH-Lösung greift das p-dotierte Silizium wie zuvor an, jedoch stoppt der Ätzprozess bei Erreichen des pn-Überganges. Infolge der Sperrspannung stehen hier keine Elektronen zur Reaktion zur Verfügung, denn diese werden durch die anliegende positive Spannung von der Oberfläche verdrängt. Es lagern sich OH^--Gruppen an, die zur Oxidation des Halbleitermaterials vor der aktuellen Siliziumätzfront führen und damit den Ätzprozess beenden.

Es folgt die Integration der piezoresistiven Widerstände in die Membran. Dabei werden die Positionen maximaler Verspannung gewählt, um möglichst große Widerstandsänderungen und damit hohe Empfindlichkeiten zu erreichen.

Drucksensoren, hergestellt in Bulk-Mikromechanik, werden heute in großer Stückzahl in der Kraftfahrzeugtechnik eingesetzt. Bild 5.3 zeigt einen Chip der Fa. Bosch, der neben der Druckmembran im Zentrum eine komplexe signalverarbeitende Schaltung in Bipolartechnologie enthält. Die Auslenkung der Druckmembran wird piezoresistiv in Vollbrückenschaltung erfasst, gleichzeitig misst ein Temperatursensor die aktuelle Chiptemperatur. Diese Größe wird zur Kompensation der Temperaturabhängigkeiten des Offsets und der Empfindlichkeit benötigt. Zusätzlich ist ein Abgleich des Offsets und der Sensorempfindlichkeit selbst notwendig, damit die einzelnen Sensorchips trotz Parameterinhomogenitäten im Verlauf der Herstellung identische Eigenschaften aufweisen und gegeneinander austauschbar sind.

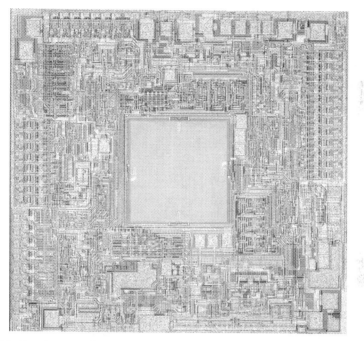

Bild 5.3: Drucksensor der Fa. Bosch mit Bipolarschaltung zur Signalverarbeitung einschließlich Kompensation des Temperaturgangs und des Offsets sowie programmierbarer Empfindlichkeit /36/

Dazu ist eine Kalibrierung des Sensors nach der Herstellung erforderlich, die beim Funktionstest des Chips durch eine Messung bei Atmosphärendruck und einem zweiten Referenzdruck erfolgen kann. Die Daten werden in einem irreversibel programmierbaren Speicher, der in Form von Schmelzsicherungen (Fuse-Technik) in der Verdrahtungsebene realisiert sein kann, abgelegt. Nach der Kalibrierung ist eine nachträgliche Änderung dieser Daten nicht mehr möglich.

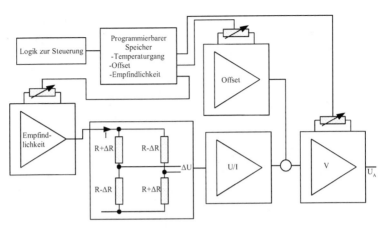

Bild 5.4: Blockschaltbild des Drucksensors der Fa. Bosch

Die Kalibrierung der Sensorempfindlichkeit erfolgt über die Abhängigkeit der Brückenempfindlichkeit von der Versorgungsspannung bzw. vom Versorgungsstrom. Eine Stromeinspeisung in die Brücke verringert die Temperaturabhängigkeit der Brückenausgangsspannung im Vergleich zur Spannungsversorgung und ist somit vorzuziehen. Der Offset sowie der Temperaturgang des Offsets werden durch Überlagerung eines Korrektursignals ausgeglichen, während der Temperaturgang der Empfindlichkeit eine Variation der Signalverstärkung erfordert. Die dazu notwendigen Einstellungen sind nach dem Funktionstest im Speicher dauerhaft programmiert.

Zum Einsatz des Drucksensors ist eine mechanisch stabile, die elektrischen Anschlüsse definiert nach außen führende Verpackung des Chips erforderlich. Zusätzlich muss eine Öffnung für den zu erfassenden Druck vorhanden sein, die hermetisch dicht zur Umgebung abschließt.

Bild 5.5 zeigt eine Lösung für den Chip der Fa. Bosch, in der ein speziell geformter Glaskörper anodisch mit der Rückseite des Chips verbunden und über Glaslot mit dem Gehäuse verschmolzen ist. Durch eine Öffnung im Zentrum des Glaskörpers gelangt der über ein Röhrchen angelegte Druck an die Membran. Das Messsignal ist ein Maß für den Druck im Röhrchen in Relation zum Druck an der Chipoberfläche.

Bild 5.5: Drucksensor der Fa. Bosch, montiert auf einem hohlen Glaskörper mit Druckanschluss auf der Pin-Seite des Systemträgers /nach 36/

5.1.2 Drucksensoren in Oberflächenmikromechanik

Im Gegensatz zur Volumenmikromechanik besteht ein in Oberflächenmikromechanik realisierter Drucksensor fast immer aus polykristallinem Silizium, das im druckempfindlichen Bereich über einer Opferschicht abgeschieden wird. Es erfolgt keine anisotrope oder isotrope Ätzung des kristallinen Substrates. Der Vorteil dieser Technik liegt in der Verträglichkeit der Prozessführung mit der mikroelektronischen Integrationstechnik, da die Siliziumscheibe nur von der Schaltungsseite aus behandelt wird und nur zur MOS-Technologie kompatible Materialien verwendet werden.

Die Herstellung des Sensors beginnt mit der Abscheidung eines Opferoxides auf der Oberfläche der Siliziumscheibe. Dieses Oxid wird per Fotolithografie und Trockenätztechnik außerhalb des geplanten Hohlraums wieder vollständig entfernt. Anschließend erfolgt eine Polysiliziumabscheidung im LPCVD-Verfahren, die als spätere Membran das Oxid konform abdeckt. Über eine weitere Fotolithografie wird das Polysilizium strukturiert, d. h. die Druckmembran wird in ihren Grenzen festgelegt. Gleichzeitig werden feine Öffnungen zum Opferoxid in das

Polysilizium hineingeätzt. Durch diese Öffnungen dringt im weiteren Verlauf der Membranintegration die Flusssäurelösung zur nasschemischen Ätzung des Opferoxids unter das Polysilizium. Der Ätzprozess verläuft wegen des begrenzten Lösungsaustausches relativ langsam, allerdings ist die Selektivität zu Polysilizium extrem hoch, sodass die Membran nicht angegriffen wird.

Damit befindet sich nach dem nasschemischen Ätzen eine Membran mit einigen Poren auf dem Siliziumsubstrat. Um daraus einen Drucksensor zu bauen, ist lediglich eine konforme Abscheidung zum Auffüllen der Öffnungen erforderlich. Dies kann einerseits durch eine weitere Polysiliziumabscheidung erfolgen, alternativ bietet sich auch eine TEOS- oder LTO-Deposition an. Dabei muss die Dicke der abzuscheidenden Schicht zumindest dem halben Porendurchmesser, dividiert durch den Konformitätsfaktor entsprechen.

Diese Prozessführung lässt sich unabhängig von der mikroelektronischen Integrationstechnik auf einer Siliziumscheibe durchführen. Zunächst werden die CMOS-Schaltungen bis einschließlich der Abscheidung des Zwischenoxids hergestellt. Um die erstellten Transistoren gegenüber den folgenden Prozessschritten zu passivieren, erfolgt eine ganzflächige Abscheidung von Siliziumnitrid auf der Scheibenoberfläche.

Auf dem Nitrid wird das Opferoxid aufgebracht. Es sollte eine möglichst hohe Ätzrate aufweisen, um ein schnelles Ätzen zu ermöglichen. Besonders geeignet ist dazu Phosphorglas (PSG), das im CVD-Verfahren bei niedriger Temperatur abgeschieden wird. Es lässt sich im Vergleich zu thermischem Oxid mit über 10-facher Rate abtragen. Die Dicke der Schicht bestimmt den Abstand der Elektroden zur kapazitiven Auslesung der Membranverbiegung bei einer Druckänderung und hat damit Einfluss auf die Sensorempfindlichkeit.

Über eine Lithografietechnik und einem Ätzschritt wird dieses Opferoxid im Randbereich der geplanten Membran entfernt. Die Ätzung erfolgt bis zum Siliziumnitridfilm, der als Ätzstopp wirkt.

Auf der Oberfläche lässt sich anschließend der polykristalline Siliziumfilm im LPCVD-Verfahren durch Silan-Pyrolyse bei ca. 625°C als spätere Membran abscheiden. Der Prozess ist extrem konform, folglich wächst eine sehr homogene Schicht auf, die auch an den geätzten

Opferoxidflanken keinerlei Dickenschwankungen aufweist. Die Dicke der Polysiliziumschicht bestimmt ebenfalls die Sensorempfindlichkeit, denn je dünner die Membran ist, desto stärker ist ihre Auslenkung bei einer Druckbelastung.

Ein weiterer Lithografieschritt definiert die Lage und Größe der Ätzöffnungen zum Entfernen des Opferoxids. Die erforderliche Polysiliziumätzung erfolgt möglichst anisotrop im Trockenätzverfahren. Anschließend kann die Scheibe direkt in die gepufferte Flusssäure getaucht werden, um das Opferoxid zu entfernen. Die Ätzzeit ist unkritisch, da die Säure weder das polykristalline Silizium noch das Siliziumnitrid im Untergrund angreift.

Nach dem Trocknen der Scheiben, das je nach Membrandicke und Membranabstand vom Untergrund entweder durch einfaches Erhitzen auf über 100°C oder aber als superkritische Trocknung erfolgen kann bzw. muss, schließt sich eine zweite Polysiliziumabscheidung an. Aufgrund ihrer Konformität füllt der zweite Film die Ätzöffnungen bei einer Schichtdicke entsprechend des halben Öffnungsdurchmessers komplett auf, sodass eine geschlossene Kavität entsteht.

Zwar lässt sich an dieser Stelle auch eine konforme Oxidabscheidung zum Öffnungsverschluss durchführen, jedoch können die mechanischen Spannungen zwischen dem Siliziumdioxid und dem polykristallinen Silizium in Verbindung mit den unterschiedlichen thermischen Ausdehnungskoeffizienten der Materialien zu Verwerfungen in den Membranen führen. Hinzu kommt die relativ geringere Konformität der Oxidabscheidung, sodass Polysilizium als Verschlussmaterial erhebliche Vorteile aufweist.

Die zweite Polysiliziumabscheidung erhöht die Dicke der Membran erheblich, sie muss bei der Berechnung der Sensorempfindlichkeit bereits berücksichtigt werden. Ebenfalls wichtig ist die Lage der Ätzöffnungen. Sie beeinflussen über die Elastizität der Membran die Empfindlichkeit des Sensors, sodass je nach Einsatzdruckbereich unterschiedliche Positionen sinnvoll sein können. Werden die Öffnungen an der Membranoberfläche eingebracht, so wirken sie sich negativ auf die Druckfestigkeit der Membran aus. Zusätzlich können mechanische Spannungen entstehen, die zur Veränderung der Empfindlichkeit führen.

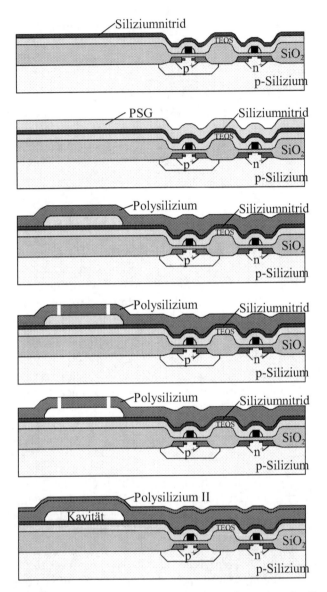

Bild 5.6: CMOS-kompatible Integration einer Membran in Oberflächenmikromechanik

Aus diesem Grund ist es günstiger, die Ätzöffnungen nicht auf der Membran zu positionieren, sondern sie im Randbereich an den Auflageflächen der Membran anzubringen. Dies lässt sich durch ein strukturiertes Oxid unter dem Polysilizium erreichen. Bild 5.7 zeigt den Prozessablauf bei seitlichen Ätzöffnungen.

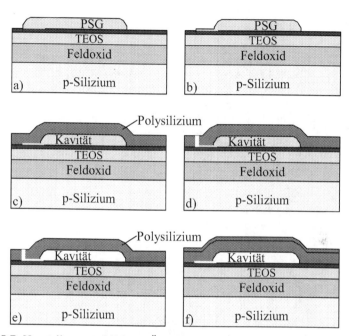

Bild 5.7: Herstellung seitlicher Ätzöffnungen zur Opferoxidentfernung bei Druckmembranen in Oberflächenmikromechanik

Drucksensoren, hergestellt nach diesem Verfahren, werden heute in der Medizintechnik im Herzkatheder eingesetzt. Neben dem Sensor, der in diesem Fall als differenzielle Kapazität aufgebaut ist, befindet sich die Elektronik zur Signalverarbeitung in CMOS-Technologie auf dem gleichen Siliziumchip. Das Prinzip der differenziellen Auslesung der Sensorkapazitäten zeigt Bild 5.8.

Als Referenzkapazität dient in diesem Fall eine Polysiliziummembran, die keine Ätzöffnung besitzt und folglich während der Prozessierung nicht unterätzt wird. Bei einwirkendem Druck verändert sich somit nur der Elektrodenabstand der unterätzten Membran, während die Referenzkapazität unverändert bleibt. Für eine symmetrische Auslegung ist die Berücksichtigung der 3,9-fachen Dielektrizitätskonstanten in der Referenzkapazität aufgrund des Oxiddielektrikums notwendig. Demnach darf die Membran nur ca. ein Viertel der Elektrodenfläche des Sensorelementes aufweisen.

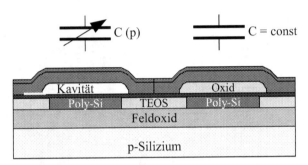

Bild 5.8: Querschnitt durch einen kapazitiven Drucksensor mit differenzieller Auslesung

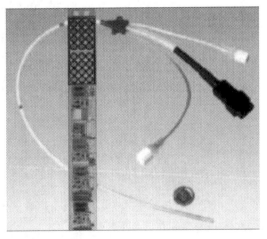

Bild 5.9: Drucksensorchip in Oberflächenmikromechanik zum Einsatz im Herzkatheder /37/

5.1.3 Trockenätztechnik für Drucksensoren

Eine weitere Methode zur MOS-verträglichen Integration von Membranen zur Druckdetektion, die bislang nur selten genutzt wird, wendet hochselektive isotrope und anisotrope Ätzprozesse auf unterschiedlichen Materialschichten an. Wesentlich ist dabei die Strukturierbarkeit der Membranschicht mit sehr feinen Öffnungen sowie die isotrope Ätzbarkeit des Trägermaterials unter der Membran.

Ein Beispiel ist die Herstellung einer Oxid- oder Oxinitridmembran auf Siliziumsubstrat (Bild 5.10). Dazu erfolgt zunächst die Abscheidung einer Oxidschicht in der Dicke der gewünschten Membranstärke. Über einen Lithografieschritt wird auf dem Oxid eine Lackmaske mit feinen Poren definiert, die anschließend möglichst anisotrop in das Oxid hinein geätzt werden. Die Selektivität zum Untergrund ist bei diesem Schritt unkritisch, allerdings sollten die Poren an der Oberfläche möglichst fein sein, um ein zügiges Auffüllen durch Schichtabscheidung zu gewährleisten.

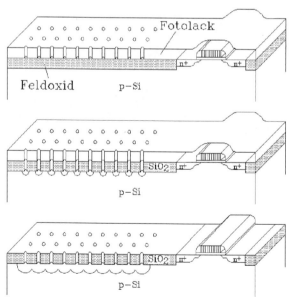

Bild 5.10: Herstellung einer Membran durch Trockenätzen von Siliziumdioxid und Silizium

Im Trockenätzverfahren lässt sich anschließend durch die Poren hindurch das Silizium entfernen. Speziell mit dem Reaktionsgas SF$_6$ sind richtungsunabhängig hohe Abtragraten für das Silizium in Verbindung mit extrem hoher Selektivität zum Oxid erreichbar, sodass unter den Oxidporen zunächst kleine Hohlräume entstehen. Diese wachsen mit zunehmender Ätzdauer, bis sie schließlich aneinander stoßen und eine große Kavität bilden.

Das Verschließen erfolgt im Beispiel durch eine konforme Oxidabscheidung, z. B. durch eine TEOS-Beschichtung. Dabei können aufgrund unterschiedlicher thermischer Expansionskoeffizienten mechanische Spannungen auftreten, die sich als Wölbung der Membran zeigen. Bild 5.11 zeigt einen Querschnitt durch eine im Trockenätzverfahren erzeugte Membran, deren Ätzöffnungen nicht vollständig aufgefüllt wurden.

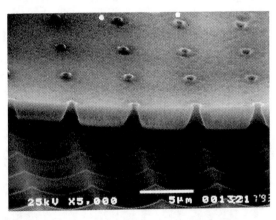

Bild 5.11: Querschnitt durch eine Oxidmembran, die durch isotropes Siliziumätzen durch die Poren hindurch erzeugt wurde

Eine Kompensation der Spannungen kann durch eine spezielle Gestaltung des Randbereichs der Membran erzielt werden. Längliche Zwischenräume in der Aufhängung erlauben eine elastische Verformung der Membranbefestigung und nehmen mechanische Spannungen auf. Bild 5.12 zeigt ein Beispiel für eine elastische Membranaufhängung.

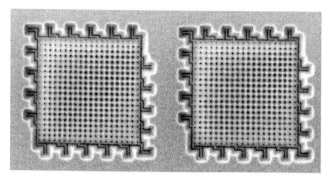

Bild 5.12: Umlaufende winkelförmige Aufhängung von Oxidmembranen zur Kompensation mechanischer Spannungen

Die Membranerzeugung durch Unterätzung ist nicht nur für Oxidmembranen geeignet. Das Verfahren lässt sich grundsätzlich auch für Aluminium oder andere anisotrop ätzbare Schichten einsetzen. Allerdings muss für eine geschlossene Membran jeweils ein geeigneter konformer Abscheideprozess zum Verfüllen der Öffnungen zur Verfügung stehen. Für Aluminiummembranen kann z. B. eine PECVD-Oxidabscheidung angewendet werden.

5.2 Beschleunigungssensoren

Eine der bekanntesten Anwendungen für einen mikromechanischen Beschleunigungssensor in der Kfz-Technik ist der Auslösesensor für den Airbag im Falle eines Unfalls. Bei Überschreitung eines Schwellwertes für die gemessene Beschleunigung löst eine mikroelektronische Schaltung den Zünder der Sprengladung im Airbag aus, sodass sich dieser innerhalb von Millisekunden entfaltet. Aber auch in der Seismologie und der Trägheitsnavigation dienen mikromechanische Beschleunigungssensoren als empfindliche Detektoren zum Nachweis von Änderungen des Bewegungszustandes.

Während die ersten mikromechanischen Beschleunigungssensoren in Volumenmikromechanik aus kristallinen Siliziumscheiben geätzt und über piezoresistive Widerstände ausgelesen wurden, haben sich heute die

kapazitiv abfragbaren Bauelemente in Oberflächenmikromechanik weitgehend durchgesetzt. Sie lassen sich auf einfache Weise mit mikroelektronischen Schaltungen kombinieren und arbeiten in einem weiten
Temperaturbereich ohne Offset-Korrektur.

5.2.1 Volumenmikromechanischer Beschleunigungssensor

Die typische Bauform eines mikromechanischen Beschleunigungssensors, hergestellt aus einkristallinem Silizium unter Anwendung der
Volumenmikromechanik, zeigt Bild 5.13. In einem starren Rahmen hängt
eine seismische Masse an einem Federbalken, sodass eine in y-Richtung
einwirkende Beschleunigung zu einer Auslenkung der Masse aus der
Ruhelage führt. Die Auslenkung bewirkt eine mechanische Spannung im
Befestigungssteg, die über den piezoresistiven Effekt als Widerstandsänderung erfasst werden kann.

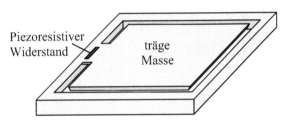

Bild 5.13: Piezoresistiver Beschleunigungssensor in Silizium-Volumenmikromechanik /38/

Als Ausgangsmaterial für die Beschleunigungssensoren dienen p-leitende
(100)-orientierte Siliziumscheiben, die mit einer n-leitenden Epitaxieschicht in der Stärke der gewünschten Aufhängungsstegdicke beschichtet
sind. Der pn-Übergang in der Scheibe ist als Ätzstopp für die elektrochemische Ätzung erforderlich, alternativ kann aber auch ein p⁺-Ätzstopp
genutzt werden.

Vor der Ätzung werden beide Seiten der Siliziumscheibe zunächst mit
Siliziumnitrid als Maskierung gegen die anisotrop wirkende Ätzlösung
beschichtet. Über einen Fotolithografieschritt auf der Rückseite der

Scheibe erfolgt die Festlegung der abzutragenden Siliziumfläche; im Bereich der Lacköffnung wird das Nitrid durch reaktives Ionenätzen entfernt. Anschließend folgt das elektrochemische Ätzen des p-leitenden Siliziums in KOH-Lösung. Dabei stoppt der Ätzprozess am pn-Übergang zur Epitaxieschicht, sodass die Siliziumscheibe weiterhin eine intakte geschlossene Vorderseite bzw. Oberfläche aufweist.

Es folgen die Dotierung der piezoresistiven Widerstände über eine Bor-Implantation mit anschließender Aktivierungstemperung sowie die Metallisierung und die Verdrahtungsstrukturierung. Erst nach diesen Prozessschritten darf die seismische Masse vom Siliziumrahmen gelöst werden, da jetzt keine unzulässigen mechanischen Belastungen mehr auf den Wafer einwirken. Dies kann durch einen Trockenätzschritt für Silizium, z. B. mit SF_6 nach dem „Black Silicon"-Verfahren geschehen, wobei Rahmen, Steg und träge Masse mit Fotolack maskiert sind.

Typische Daten eines Beschleunigungssensors in Volumenmikro-mechanik sind eine träge Masse von ca. 1 mg bei einem Volumen von ca. 0,5 mm³, eine Steglänge von 200 µm und einem Stegquerschnitt von ca. 4.000 µm². Es ergibt sich eine Empfindlichkeit um 1 mV/g. Nachteilig ist die starke Temperaturabhängigkeit der Empfindlichkeit infolge des temperaturabhängigen piezoresistiven Koeffizienten der implantierten Widerstände. Dies lässt sich nur durch parallele Temperaturerfassung und Temperaturgangskompensation ausgleichen.

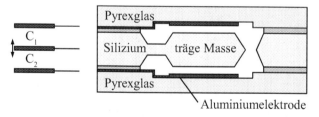

Bild 5.14: Beschleunigungssensor mit Pyrexglasabdeckungen zur kapazitiven Signalerfassung, hergestellt in Volumenmikromechanik

Alternativ bietet sich eine kapazitive Auslesung des Beschleunigungs-sensors an (Bild 5.14). Durch zwei strukturierte Pyrexglasscheiben, die mit Elektroden versehen beidseitig auf den Chip aufgebondet werden, lassen sich zwei Kapazitäten mit beschleunigungsabhängigem Elektrodenabstand herstellen.

Aufgrund der Anordnung der Kapazitäten ist eine hochgenaue differenzielle Auslesung der Position der seismischen Masse möglich. Thermische Effekte beeinflussen das Ausgangssignal nur geringfügig. Die typischen Empfindlichkeiten liegen im Bereich 0.1-1 V/g.

5.2.2 Oberflächenmikromechanischer Beschleunigungssensor

Oberflächenmikromechanische Beschleunigungssensoren nutzen kammartig ineinander geschobene Elektroden, Interdigitalstrukturen genannt, aus dotiertem polykristallinen Silizium zur kapazitiven Signalerfassung. Eine Elektrode der Interdigitalstruktur ist freitragend an einer federnd aufgehängten trägen Masse befestigt, die andere dagegen befindet sich ortsfest auf dem Substrat.

Der Sensor reagiert auf Beschleunigungen in x-Richtung, zeigt aber auch eine schwache Reaktion auf Beschleunigungen in y-Richtung. Dagegen wirken sich Beschleunigungen aus der Bildebene heraus auf beide Kapazitäten gleich aus und werden bei differenzieller Signalauswertung nicht erfasst. Bild 5.15 zeigt den prinzipiellen Aufbau des Beschleunigungssensors. Die freitragende träge Masse besteht häufig aus einer großflächigen polykristallinen Siliziumschicht, die nicht mit dem kristallinen Siliziumuntergrund verbunden ist, sondern lediglich über vier Stege am umgebenden Polysilizium verankert ist.

Zur Integration des Sensors erfolgt unabhängig von der Kristallorientierung des Substrates eine ganzflächige thermische Oxidation von etwa 200 - 400 nm Dicke als Opferoxidschicht. Über einen Fotolithografieschritt wird eine Maske zum Freiätzen der Verankerungspunkte für die elastische Aufhängung des Schwingkörpers aus Polysilizium aufgebracht, das Ätzen erfolgt entweder nasschemisch in gepufferter Flusssäure oder im Trockenätzverfahren, z. B. in CF_4/O_2-Atmosphäre. Nach dem Ablösen des Lackes kann das Polysilizium ganzflächig im LPCVD-Verfahren aus Silan in einer Dicke von 3-10 µm abgeschieden werden.

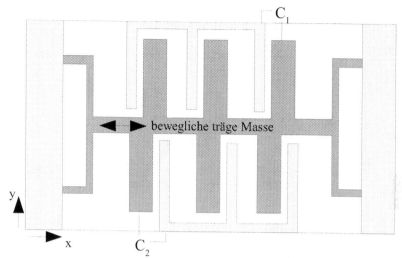

Bild 5.15: Kapazitiver Beschleunigungssensor in Oberflächenmikromechanik, bestehend aus einem federnd aufgehängten Schwingkörper

Es schließt sich ein zweiter Fotolithografieschritt an, der die Struktur der Kämme, der Federn und des Schwingkörpers festlegt. Das Polysilizium wird im anisotropen Trockenätzverfahren mit Chlor- oder Fluorchemie strukturiert, dabei ist die Selektivität zum Untergrund unkritisch.

Um den Schwingkörper vom Untergrund zu lösen, muss das Oxid unter dem Polysilizium entfernt werden. Dies geschieht durch nasschemische Tauchätzung in gepufferter Flusssäure, die infolge des isotropen Ätzverhaltens zur Unterätzung des Polysiliziums führt. Um die Ätzzeit möglichst kurz zu halten, sollten großflächige Strukturen durch Löcher unterbrochen werden, sodass die zum Freilegen der gesamten Struktur erforderliche Unterätzung gering ist.

Zum Abschluss des nasschemischen Ätzens ist ein Spülprozess erforderlich, der zum unerwünschten Sticking führen kann. Die Oberflächenspannung des Spülwassers biegt die freitragende Polysiliziumstruktur während des Trocknens durch, sodass sie sich auf das kristalline Silizium legen und dort anhaften kann („sticking"). Ohne Zerstörung des Bauelementes lässt sich diese Verbindung nicht mehr lösen, folglich muss das Sticking zwingend vermieden werden.

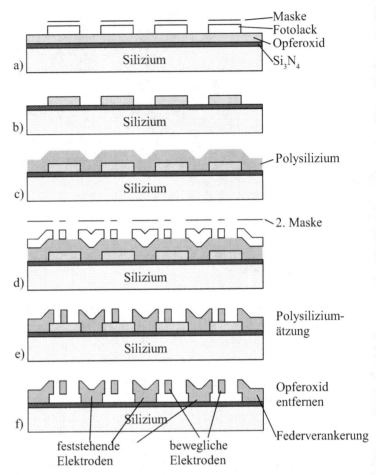

Bild 5.16: Prozessführung zur Integration eines Beschleunigungssensors in Oberflächenmikromechanik auf einer passivierten Siliziumoberfläche

Dies kann durch Verringerung der Oberflächenspannung erreicht werden. Das Wasser zum Abspülen der gepufferten Flusssäure wird zum Abschluss des Spülprozesses z. B. durch Alkohol ersetzt. Alternativ bietet sich ein überkritischer Trocknungsprozess in CO_2 an, der sich durch einen direkten Übergang vom festen in den gasförmigen Zustand auszeichnet und jegliches Sticking ausschließt.

Der grundlegende Vorteil dieser Oberflächenbauform gegenüber dem Volumen-Siliziumbauelement besteht in der Verträglichkeit der Prozessführung mit der Schaltungsintegration in MOS-Technik. Folglich lassen sich die erforderlichen Schaltungen zur Signalverarbeitung direkt im selben Stück Halbleitermaterial, das als Trägermaterial dient, mit integrieren.

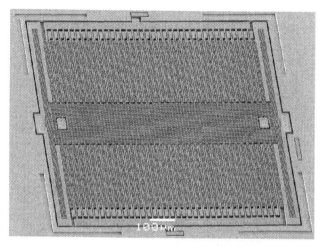

Bild 5.17: Foto eines integrierten Beschleunigungssensors in Oberflächenmikromechanik /39/

5.3 Drehratensensoren

Das Interesse an Drehratensensoren wird in letzter Zeit insbesondere durch die Kraftfahrzeugtechnik vorangetrieben. Assistenzsysteme zur Verbesserung der Fahrstabilität (ESP) benötigen neben der Beschleunigung in zwei Raumrichtungen auch Informationen über die Drehrate des Fahrzeugs entlang der Hoch- und Längsachse. Diese lässt sich mit mikromechanischen Bauelementen über den Einfluss der Corioliskraft auf einen massebehafteten Körper sehr genau bestimmen.

Die Corioliskraft F_C wirkt für einen Beobachter im sich mit der Winkelgeschwindigkeit Ω drehenden Bezugssytem auf die sich mit der Geschwindigkeit v bewegende Masse m entsprechend der Gleichung 5.1:

$$\vec{F}_C = 2\,m\,(\vec{v} \times \vec{\Omega}) \tag{5.1}$$

Damit gilt für die Beschleunigung a:

$$\vec{a}_C = 2\,\vec{v} \times \vec{\Omega} \tag{5.2}$$

Wird eine schwingende Masse betrachtet, die sich mit der variablen Geschwindigkeit $v(t)$ bewegt, so führt eine Auslenkung des Schwingkörpers mit der Frequenz ω_{drive} zu einer Kraft bzw. Beschleunigung senkrecht zur Schwingungsebene, die zur Anregung einer Sekundärschwingung führt. Eine Anregung mit der zeitabhängigen Auslenkung x (t) in der Form:

$$\vec{x}(t) = \vec{x}_0 \sin(\omega_{drive}\,t) \tag{5.3}$$

mit x_0 als maximale Auslenkung und ω_{drive} als Anregungsfrequenz führt zu einer sekundären Schwingung mit einer Beschleunigung a_c:

$$\vec{a}_c = 2\,\dot{\vec{x}}(t) \times \vec{\Omega} = 2\,\vec{x}_0 \times \vec{\Omega}\,\omega_{drive} \cos(\omega_{drive}\,t) \tag{5.4}$$

Um die Beschleunigung für eine hohe Sensorempfindlichkeit groß zu gestalten, ist nach Gleichung 5.4 einerseits eine hochfrequente Anregung erforderlich, andererseits muss die Amplitude x_0 möglichst groß sein. Die Anregungsfrequenz kann bis zu einigen 10 kHz betragen, höhere Werte sind aufgrund der Massenträgheit in Verbindung mit den begrenzten Rückstellkräften der Federn kaum möglich. Eine große Amplitude erfordert entweder hohe Anregungsenergien oder einen Betrieb des Systems nahe der Resonanzfrequenz.

Um einen Sensor für die Drehrate Ω zu erhalten, benötigt der Schwingkörper zwei Freiheitsgrade:

– die Schwingung erfordert eine Bewegung in der Ebene,

– die Drehbewegung muss als Auslenkung senkrecht zu Schwingungsebene erfasst werden, z. B. auf kapazitivem Weg.

In der Mikrosystemtechnik eignen sich elektrostatisch angetriebene Schwingkörper, die entweder als Drehschwinger oder lineare Schwinger wirken, wegen ihres geringen Leistungsbedarfs besonders. Der Antrieb der federnd befestigten Schwinger erfolgt über Interdigitalstrukturen oder Kammantriebe, während die Drehrate über Kapazitätsänderungen erfasst wird. Bild 5.18 zeigt den Aufbau eines mikromechanischen Drehraten- sensors mit linearer Schwingkörperbewegung.

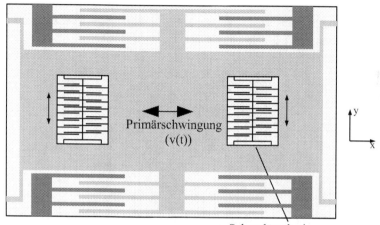

Bild 5.18: Aufbau eines mikromechanischen Drehratensensors mit Beschleu- nigungssensoren zur Schwingungsdetektion

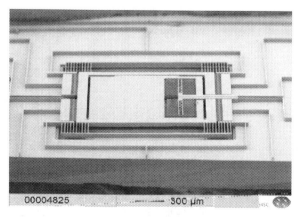

Bild 5.19: Foto eines Drehratensensors mit Kammantrieb /40/

Neben der in Bild 5.19 dargestellten Bauform für Drehratensensoren wurden Drehschwingkörper aus polykristallinem Silizium mit Kammantrieb entwickelt. Der symmetrische Aufbau des punktuell gelagerten Schwingkörpers erlaubt trotz geringer elektrostatischer Antriebskräfte die Anregung einer Schwingung mit großer Amplitude, speziell im Resonanzbetrieb. Die Auslesung erfolgt kapazitiv durch Messung der Verkippung des Schwingkörpers gegenüber dem Substrat. Bild 5.20 zeigt den Aufbau des Sensors.

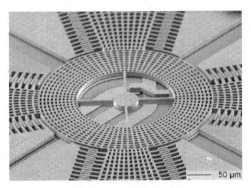

Bild 5.20: Drehratensensor mit zentral aufgehängtem Rotationsschwingkörper aus polykristallinem Silizium /41/

Die typischen Empfindlichkeiten der Drehratensensoren in Oberflächenmikromechanik liegen im Bereich von 1 ... 20 mVs/° bei einem Messbereich von 0 bis 200 °/s.

5.4 Mikrosystemtechnische elektronische Bauelemente

5.4.1 Temperatursensoren

Die Temperatur ist eine der wichtigsten zu erfassenden Größen in der Mikrosystemtechnik, denn die Eigenschaften vieler Sensoren werden stark durch thermische Effekte beeinflusst. Beispielsweise erfordern sämtliche piezoresistiven Sensoren die aktuelle Temperatur zur Signalauswertung, da der gemessene Widerstandswert von der Substrat-temperatur abhängt. Auch Strahlungsleistungen werden über thermische Effekte erfasst. Folglich kommt den Temperatursensoren in der Mikrosystemtechnik eine besondere Bedeutung zu.

5.4.1.1 Ausbreitungswiderstandssensor

Ein weit verbreiteter Sensor zur Temperaturmessung ist der Ausbreitungswiderstandssensor aus n-leitendem Silizium. Dieser Temperatursensor besteht aus einem relativ schwach dotierten Stück Silizium, dass mit zwei Kontakten auf der Scheibenoberfläche versehen ist. Unter der Annahme einer konstanten Ladungsträgerdichte in diesem Stück Halbleitermaterial hängt der Widerstand zwischen den Kontakten nur von der Ladungsträgerbeweglichkeit ab. Diese sinkt mit wachsender Temperatur, sodass der Widerstand zwischen den Kontakten ansteigt.

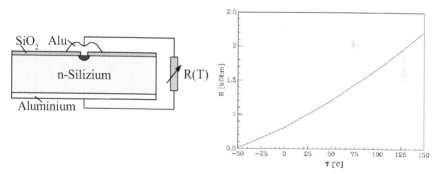

Bild 5.21: Aufbau und Kennlinie eines Siliziumausbreitungswiderstandssensors

Aufgrund der Voraussetzung einer konstanten Ladungsträgerdichte lässt sich der Sensor nur im Erschöpfungsbereich des Siliziums betreiben. Bei tiefen Temperaturen unterhalb des Erschöpfungsbereichs sinkt die Zahl der Elektronen im Leitungsband, es sind nicht mehr alle Dotierstoffatome ionisiert und die Ladungsträgerdichte wird stark temperaturabhängig. Sie ist in diesem Bereich immer geringer als die Dotierstoffdichte.

Oberhalb des Erschöpfungsbereichs geht der Halbleiter in die Eigen-leitung über, die Ladungsträgerdichte wächst exponentiell mit der Temperatur an. Es liegt eine NTC-Charakteristik mit einer Ladungs-trägerdichte deutlich oberhalb der Dotierstoffkonzentration vor.

Der Ausbreitungswiderstandssensor lässt sich infolge seines einfachen Aufbaus zumeist problemlos gemeinsam mit den mechanischen Elementen auf einem Chip integrieren. Die Messgenauigkeit liegt im Bereich um +/- 1°C. In integrierten Schaltungen muss eine elektrische Isolation des Ausbreitungswiderstandssensors vom mikroelektronischen Teil vorgenommen werden, um eine potenzialfreie Beschaltung zu ermöglichen.

5.4.1.2 Grenzflächentemperatursensor

Grenzflächentemperatursensoren lassen sich sehr einfach gemeinsam mit mikroelektronischen Schaltungen auf einem Chip integrieren, wobei nur elektronische Bauelemente zum Einsatz kommen. Als Sensoreffekt wird die Vorwärtsspannung einer in Flussrichtung gepolten Diode bei konstantem Diodenstrom genutzt. Nach der einfachen Diodengleichung gilt für den Strom in Flussrichtung:

$$I_F = I_S e^{\frac{eU_F}{k_B T} - 1} \qquad (5.5)$$

Bei genügend großer Vorwärtsspannung gilt $eU/k_B T \gg 1$. Es folgt für die Spannung U_F an der Diode:

$$U_F = \frac{k_B T}{e} \ln\left(\frac{I_F}{I_S}\right) \qquad (5.6)$$

Damit ist die Vorwärtsspannung bei gegebenem Strom proportional zur Temperatur der Diode, allerdings nur unter der Annahme eines temperaturunabhängigen Sättigungssperrstromes I_s. Da dies nicht gesichert ist, wird in der Regel ein Vergleich der Durchlassspannungen zweier Dioden gleicher Bauart bei unterschiedlichen Vorwärtsströmen I_1 und I_2 bzw. bei verschieden großen pn-Übergangsflächen A_1 und A_2 genutzt.

In diesem Fall gilt für die Spannungsdifferenz an den pn-Übergängen:

$$\Delta U_F = \frac{k_B T}{e} \ln \frac{I_1 A_1}{I_2 A_2} \tag{5.7}$$

Bild 5.22 zeigt ein Schaltungsbeispiel für einen Grenzflächentemperatursensor, der sich bei minimalem Flächenbedarf in jeder mikroelektronischen Schaltung mit integrieren lässt.

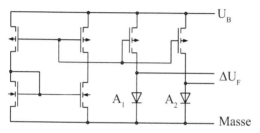

Bild 5.22: Schaltung eines Grenzflächentemperatursensors in MOS-Technik

5.4.2 Relais und HF-Schalter

Schalter zeichnen sich durch einen im Vergleich zum Transistor sehr niederohmigen Strompfad im eingeschalteten Zustand und eine extrem hochohmige Stromkreisunterbrechung im ausgeschalteten Zustand aus. Aus diesem Grund sind Relais auch heute noch wichtige Bauelemente in der Elektrotechnik, deren Miniaturisierung in feinmechanischer Technik weit fortgeschritten ist.

In der Mikrosystemtechnik werden Schalter in Form von Kipp-, Zungen- oder Brückenschalter integriert, wobei elektrostatische Kräfte den Schaltvorgang auslösen. Durch Verbiegen eines elastischen Stegs oder einer Membran infolge einer Coulombkraft schließt ein metallischer Kontakt einen Stromkreis, sodass eine niederohmige Verbindung zwischen den Schaltkontakten entsteht. Eine geeignete Bauform stellt das Element in Bild 5.23 dar. Ein metallischer Biegebalken wird elektrostatisch auf zwei Kontaktflächen gezogen, sodass eine leitfähige Verbindung zwischen den Anschlüssen entsteht. Typische Widerstandswerte liegen im geschalteten Zustand im Bereich um 0,2 Ω, es werden etwa 10^6 Schaltzyklen erreicht.

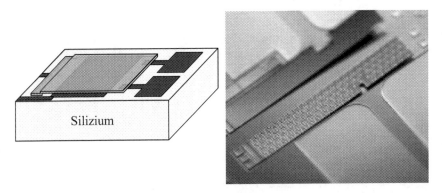

Bild 5.23: Schemazeichnung und Foto eines mikromechanischen elektrostatisch gesteuerten Schalters mit Nickel-Zunge /42/

Für Anwendungen im Mobilfunk und in der Radartechnik werden Schalter für hochfrequente Signale benötigt. Dabei muss nicht der Schalter mit hoher Frequenz arbeiten, sondern nur das hochfrequente Signal auf verschiedene Leiterbahnen verteilt werden. Ein Beispiel für einen elektrostatisch gesteuerten RF-Wechselschalter, bestehend aus galvanisch abgeschiedenen Gold-Wolfram-Kontakten, ist in Bild 5.24 gezeigt.

Die großflächige Membran aus polykristallinem Silizium ist mittig an Torsionsfedern aufgehängt. Sie lässt sich elektrostatisch kippen, sodass die an den parallel zur Kippachse verlaufenden Membrankanten angebrachten Goldleiterbahnen die darunter liegenden Elektroden verbindet. Nach Abschalten der Steuerspannung öffnet der Schalter selbständig infolge der Rückstellkraft der Torsionsfedern.

Der o. a. Schalter benötigt zum Schließen der Kontakte Steuerspannungen um 50 V, der Kontaktwiderstand im geschlossenen Zustand beträgt ca. 10 Ω. Der zulässige Schaltstrom liegt bei vergleichbaren Schaltern zwischen 200 mA und 2 A, wobei die Anzahl der möglichen Schaltzyklen mit wachsendem Schaltstrom abnehmen.

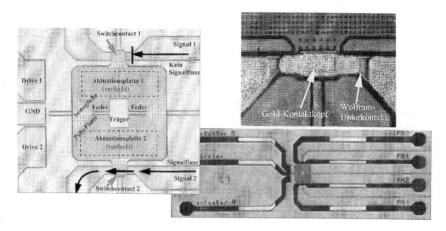

Bild 5.24: RF-Schalter: links die Komponenten, rechts oben der Schaltkontakt und rechts unten ein Chipfoto des Wechselschalters /43/

5.4.3 Hochspannungsschalter

MOS-Transistoren und Bipolartransistoren weisen als einfache Bau-elemente Durchbruchspannungen im Bereich von wenigen Volt bis einige 10 V auf. Speziell dotierte Hochspannungstransistoren ermög-lichen Sperrspannungen bis ca. 300 V, mit feldreduzierenden Guard-Ringen auf hochohmigen Substraten sogar bis 1000 V. MOS-Tran-sistoren mit vertikalem Stromfluss zur Scheibenrückseite erreichen Durchbruchspannungen von 1200 V.

Grundsätzlich lassen sich noch höhere Sperrspannungen durch Serien-schaltung vollständig isolierter Einzelelemente erreichen, jedoch ist dann ein galvanisch getrenntes Signal zur zeitgleichen Ansteuerung der Schalter erforderlich. Dies lässt sich recht einfach durch optische Steuerung über eine LED gestalten, indem der folgende Aufbau aus Fotobipolartransistoren als Empfänger in Darlingtonschaltung integriert wird (Bild 5.25).

Voraussetzung ist die Integration jedes Schaltungsteils in einem eigenen Stück Silizium, das dielektrisch vollständig von den benachbarten Transistoren isoliert ist. Im Prozess lassen sich dazu (110)-Siliziumscheiben nutzen, die durch mikromechanische Ätzung eine laterale Trennung der Elemente durch Erzeugung von tiefen senkrechten Gräben zwischen den Transistoren ermöglichen.

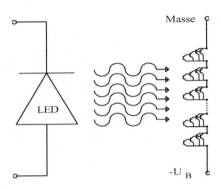

Bild 5.25: Schaltbild eines optisch gesteuerten Hochspannungsschalters, bestehend aus Fotobipolartransistoren in Darlingtonschaltung

Dazu werden zunächst die Fotobipolartransistoren als lichtgesteuerte Schalter mit nachfolgend geschalteter Darlingtonstufe zur Stromverstärkung in möglichst spannungsfester Form in den (110)-orientierten Kristall eindiffundiert. Wegen ihrer höheren Spannungsfestigkeit sind pnp-Transistoren zu bevorzugen, sie nutzen in diesem Fall ein p-leitendes Substrat, das gleichzeitig als Kollektor dient. Die Dotierung des Substrats darf nicht zu gering gewählt werden, da sonst der parasitäre Kollektorbahnwiderstand die Transistoreigenschaften verschlechtert. Zu hoch dotierte Substrate senken dagegen die Spannungsfestigkeit der Bipolartransistoren.

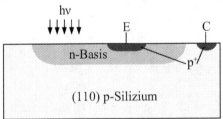

Bild 5.26: Querschnitt eines im (110)-orientierten Silizium integrierten spannungsfesten pnp-Fotobipolartransistors

Das Bauelement ist in einem (110)-Siliziumsubstrat mit einer Grund-
dotierung von ca. 200 Ωcm in einer zum CMOS-Prozess verträglichen
Bauform integriert worden. Dabei dient das Substrat als Kollektor, die
Basis wurde mit Phosphor implantiert und in einem Hochtemperaturschritt eindiffundiert, während der Emitter aus einer Bor-
implantation hoher Dosis resultiert. Bild 5.27 zeigt die Kennlinie eines
einzelnen, relativ spannungsfesten Fotobipolartransistors bei unterschiedlichen Beleuchtungsintensitäten.

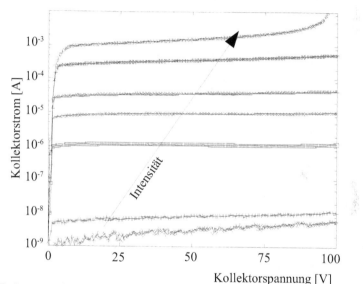

Kollektorspannung [V]

Bild 5.27: Ausgangskennlinienfeld eines spannungsfesten pnp-Transistors, integriert im (110)-orientierten Siliziumsubstrat, mit der Beleuchtungs-
intensität als Parameter

Vor der Verdrahtung der elektronischen Komponenten an der Scheibenoberfläche erfolgt eine Grabenätzung zwischen den einzelnen Bipolar-
transistoren. Dazu wird zunächst Siliziumnitrid als Passivierung
abgeschieden. Es schließt sich der nasschemische Ätzschritt in KOH-
Lösung an, bei dem die einzelnen Bipolarstufen durch Entfernen des
Siliziums von einander getrennt werden. Weil eine (111)-Ebenenschar in
(110)-orientierten Siliziumscheiben senkrecht zur Oberfläche verläuft,

erzeugt die Ätzung tiefe in den Kristall hineinragende Gräben. Dabei lassen sich Aspektverhältnisse von 10 bis 15 erreichen, d. h. bei einer Grabenweite von 15 µm kann ca. 200 µm tief in den Kristall hinein geätzt werden. Die Grabentiefe wird allerdings durch den Lösungs-austausch am Grabenboden begrenzt. Zur Erhöhung des Aspekt-verhältnisses bietet sich eine Trockenätzung an, die nach dem ASE-Verfahren Tiefe/Weite-Verhältnisse bis über 30:1 ermöglicht.

Die Gräben können mit dielektrischem Material, z. B. BPSG oder TEOS-Oxid aufgefüllt werden. Gläser führen allerdings zu mechanischen Spannungen im Substrat, des Weiteren ist eine sehr hohe Schichtdicke zur kompletten Füllung der Gräben notwendig. Diese muss anschließend wieder von der Oberfläche entfernt werden.

Alternativ eignen sich auch spannungsfeste Kunststoffe wie Epoxydharze oder Silikonkautschuk zum Verfüllen. Epoxydharze schrumpfen während der Härtung um ca. 1% ihres Volumens; dies bewirkt einen Verzug der Scheiben, der zu einer Wölbung führt. Silikonkautschuk dagegen schrumpft nicht, es ist ausreichend elastisch und zeichnet sich durch eine hohe Spannungsfestigkeit aus.

Das porenfreie Einbringen in die Gräben erfordert einen Vakuumschritt. Auf die Oberfläche der geätzten Scheiben wird der Silikonkautschuk aufgespritzt und gleichmäßig verteilt. Während der Vakuumbehandlung verflüchtigen sich mögliche Lufteinschlüsse aus dem Material und auch aus den aufzufüllenden Gräben. Bei der Wiederherstellung des Atmosphärendrucks dringt der Silikonkautschuk in die Gräben ein und füllt diese porenfrei auf. Zur Härtung folgt ein Temperaturschritt bei ca. 100°C.

Anschließend wird die Oberfläche der Scheibe bis zum Nitrid vollständig vom Silikonkautschuk befreit. Dies kann durch Polieren oder durch Abziehen des Kautschukfilms vor dem vollständigen Aushärten geschehen. Es folgen das Öffnen der Kontakte und die Aluminium-metallisierung sowie die Oberflächenpassivierung. Bild 5.28 zeigt den Kristall nach der Ätzung und dem Auffüllen mit Silikonkautschuk an einer Bruchkante.

Um die einzelnen Elemente mit den Bipolarstufen auch im Untergrund von einander zu isolieren, wird die Scheibe mit Wachs auf einem stabilen

Träger aus Glas fixiert. Es folgt das Abschleifen der Rückseite um ca. 350 µm, bis sämtliche Grabenböden sichtbar sind. Der Silikonkautschuk sorgt für einen ausreichend starren mechanischen Verbund der einzelnen Siliziumblöcke mit den Transistoren.

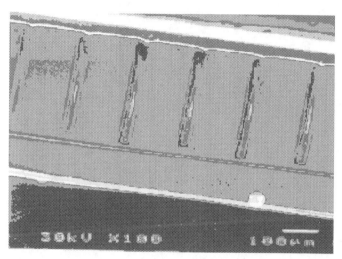

Bild 5.28: Bruchkante durch eine (110)-Siliziumscheibe nach der Grabenätzung in KOH-Lösung und dem porenfreien Auffüllen der Öffnungen mit Silikonkautschuk

Die dünn geschliffene Siliziumscheibe lässt sich zur weiteren Bearbeitung mit thermisch leitfähigem Epoxydharzklebstoff auf einen Glas- oder Keramikträger aufkleben, anschließend wird der aufgewachste Zwischenträger aus Glas durch Erhitzen gelöst und von der Oberfläche abgehoben. Verschmutzungen durch Wachsreste, die sich mit Lösungs-mitteln nur schwer entfernen lassen, verbrennen im Sauerstoffplasma rückstandsfrei. Bild 5.29 zeigt einen Ausschnitt des Hochspannungs-schalters nach dem Ablösen des Zwischenträgers.

Damit sind die einzelnen Bipolartransistoren nur noch in seitlicher Richtung, senkrecht zu den Gräben zwischen den Transistoren, elektrisch und mechanisch miteinander verbunden.

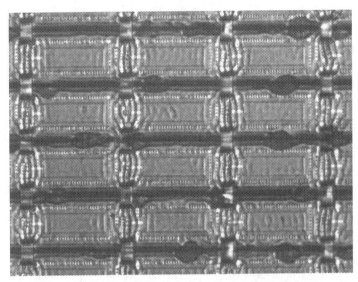

Bild 5.29: Ausschnitt eines Chips mit fünf parallel und 100 in Serie geschalteten Fotobipolartransistoren, die für Sperrspannungen bis zu 18 kV bei 80 mA Strom geeignet sind

Die vollständige Isolation der einzelnen Bipolartransistoren erfolgt durch Trennschleifen beim Zerlegen der Scheibe in die einzelnen Chips. Dabei wird gleichzeitig der Glasträger bzw. die Keramik geschnitten, sodass jeder Transistor der Serienschaltung in einem eigenen Siliziumblock integriert ist.

Damit stehen extrem spannungsfeste Chips mit Abmessungen von ca. 12 mm · 5 mm für Sperrspannungen bis zu 18 kV zur Verfügung. Die Ansteuerung der Fotobipolartransistoren erfolgt optisch mit einer einzigen Leuchtdiode, deren Licht die Chipfläche homogen bestrahlt. Bild 5.30 zeigt das Schaltverhalten einer Bipolartransistorkette aus 60 Transistoren bei einer Betriebsspannung von 10 kV unter Ansteuerung mit Infrarotlicht.

Die integrierten Hochspannungsschalter eignen sich für Schaltströme bis zu 100 mA, jedoch ist die maximale Verlustleistung durch die relativ geringe thermische Leitfähigkeit des Epoxydharzklebstoffs zur Befestigung der Elemente auf dem Keramiksubstrat auf wenige Watt begrenzt.

Hier lassen sich Verbesserungen durch moderne, thermisch hochleitende und elektrisch spannungsfeste Klebstoffe erzielen. Alternativ kann auch der Kollektorbahnwiderstand zur Reduktion der Verlustleistung durch gezielte Dotierung der Grabenwände reduziert werden.

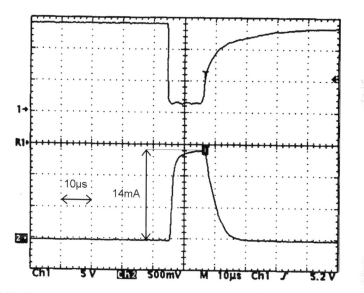

Bild 5.30: Steuerspannung der Leuchtdiode und Schaltsignal bei 10 kV, aufgenommen an einem Lastwiderstand

Ein möglicher Einsatz für diese Schalter kann die optische Verteilung der Zündspannungen an die einzelnen Zündkerzen eines Ottomotors sein. Allerdings sind dann Sperrspannungen bis zu 30 kV erforderlich, die aus spannungsfesteren Einzelelementen zur Kaskadierung aufgebaut sein müssen.

Nachteilig sind auch die parasitären Kapazitäten zwischen den Einzelbauelementen, die aus der Kopplung der Transistorkollektoren über die gefüllten Trenngräben resultieren. Aus der Reihenschaltung der Kapazitäten folgt grundsätzlich eine lineare Verteilung einer pulsförmigen Betriebsspannung auf sämtliche Bauelemente. Bei praktischen Anwendungen entstehen jedoch Streukapazitäten durch die Masseelektroden des Gehäuses, die eine nichtlineare Spannungsteilung bei steilen Spannungsimpulsen bewirken, sodass die betriebsspannungs-seitigen Einzelschalter höheren Feldstärken standhalten müssen. Aus diesem Grund sind bei steilen Spannungsflanken etwa 30 kaskadierte Elemente noch sinnvoll einsetzbar.

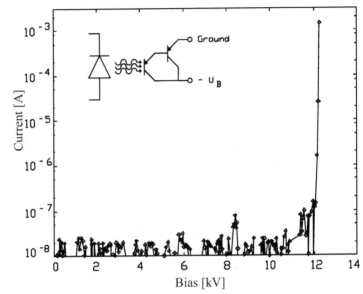

Bild 5.31: Durchbruchverhalten eines Hochspannungschips, bestehend aus einer Serienschaltung von 60 Fotobipolartransistoren in Darlingtonschaltung

5.5 Mikrospiegel

Mikromechanische Spiegel finden Anwendung in Scannern zur Laser-strahlablenkung und in der digitalen Bildprojektion. Sie lassen sich als Einzelelemente oder als Spiegelmatrix sowohl in Oberflächenmikro-mechanik als auch in Volumenmikromechanik integrieren. Zur Ansteue-rung der Spiegel werden vielfach elektrostatische Kräfte eingesetzt, aber auch thermoelektrische oder elektromagnetische Aktoren eignen sich zur Auslenkung der Spiegelfläche aus der Ruhelage.

5.5.1 Elektrostatische Spiegel

Ein Beispiel für einen elektrostatisch angesteuerten Mikrospiegel zeigt Bild 5.32. Dieser in Volumenmikromechanik integrierte Mikrospiegel besteht aus einem mikromechanischen Teilchip und einem Elektrodenchip, die zu einem Mikrosystem zusammengebondet sind.

Die Spiegelfläche ist durch eine anisotrop wirkende Ätzlösung aus einer einkristallinen (100)-orientierten Siliziumscheibe als dünne Membran heraus geätzt worden, wobei die Dicke der Membran durch die Tiefe der speziell als Ätzstopp eingebrachten Dotierung definiert ist. Anschließend wurde die Membran im Trockenätzverfahren von der Umrandung gelöst, sodass die Spiegelfläche nur an zwei dünnen Torsionsstegen aus Silizium im ungeätzten Halterahmen hängt.

Die Spiegelfläche und die Torsionsstege weisen unterschiedliche Dicken auf, d. h. die als Ätzstopp eingebrachte Dotierung ist im Stegbereich in eine größere Tiefe eingedrungen. Folglich lässt sich das Rückstellmoment für die Nulllage der Spiegelfläche nicht nur über die Breite der Stege, sondern auch über den Querschnitt der Aufhängungen einstellen.

Bild 5.32: Elektrostatisch gesteuerter Mikrospiegel aus einkristallinem Silizium mit Steuerelektroden auf einem angebondeten Substrat im Untergrund /44/

Dieses Element allein enthält jedoch noch keine Aktorik. Auf eine zweite Siliziumscheibe bzw. auf Pyrexglas werden nun großflächige Elektroden aus Aluminium oder anderen Metallen aufgedampft, die über Leiterbahnen elektrisch kontaktiert sind. Um die Beweglichkeit der Spiegelfläche nicht einzuschränken, liegen die Elektroden in einer geätzten Vertiefung von einigen zehntel Millimeter unterhalb der ursprünglichen Oberfläche. Per anodischem Bonding erfolgt das mechanisch feste Verbinden des Halterahmens mit der Spiegelfläche auf dem Träger mit den Elektroden.

Beim Anlegen einer Spannung zwischen der Spiegelfläche und einer Elektrode wirken Coulombkräfte, die zur Auslenkung der Fläche aus der Ruhelage führen. Als Rückstellkraft wirkt die Federkraft der Siliziumstege, die sich bei kleinen Kippwinkeln näherungsweise linear zur Auslenkung vergrößert. Die elektrostatischen Kräfte nehmen jedoch umgekehrt proportional zur Auslenkung zu, sodass sich kontrollierte Auslenkwinkel ohne Regelung nicht stabil einstellen lassen.

Wesentlichen Einfluss auf das dynamische Verhalten der Spiegelfläche hat das Dämpfungsmoment. Unter Atmosphärendruck ist die Dämpfung infolge der Gasströmung unter der Fläche groß, das System wirkt stark gedämpft und es tritt keine Resonanz in der Auslenkung auf.

Wird das Element jedoch unter Vakuumbedingungen gekapselt, verschwindet die Dämpfung nahezu vollständig. In diesem Fall lassen sich durch resonante Ansteuerung der Elektroden selbst bei Spiegelflächen von 4 mm^2 Kippwinkel von über 10° erreichen. Begrenzend auf die Auslenkung wirkt der Abstand des beweglichen Elementes von der Elektrode. Allerdings ist in diesem Fall eine Spannung von etwa 1000 V zur Ansteuerung erforderlich.

Ein wichtiges Spiegelelement ist das digitale Spiegelarray zur Bildprojektion, das von Texas Instruments entwickelt wurde und heute weite Verbreitung in der digitalen Bildprojektion gefunden hat (Bild 5.33). Das Einzelelement besteht aus einer quadratischen Spiegelfläche, die an zwei Torsionsfedern aufgehängt ist und sich elektrostatisch über die Diagonale kippen lässt. Der Kippwinkel ist bauartbedingt durch zwei Auflageflächen begrenzt, die Ansteuerung des Spiegels erfolgt digital. Die gesamte Struktur wird in Oberflächenmikromechanik durch wiederholte Abscheidung von Opferschichten aus Oxiden und Aktivstrukturen aus Polysilizium hergestellt.

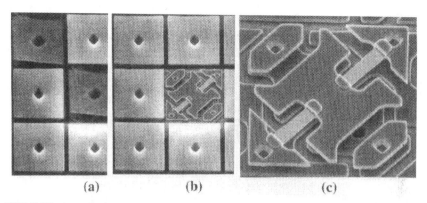

(a)   (b)   (c)

Bild 5.33: Ausschnitt aus einem Spiegelarray zur digitalen Bildprojektion: a) Spiegelelemente, b) abgelöstes Spiegelelement und c) Detailansicht der Aufhängung einschließlich der Ansteuerung /45/

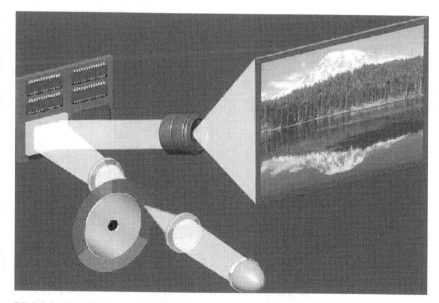

Bild 5.34:Projektion von Farbbildern über ein Mikrospiegelfeld

Zur Bildprojektion wird die gesamte Fläche des Spiegelarrays homogen beleuchtet. Dabei entscheidet die Spiegelstellung, ob das auftreffende

Licht in das abbildende Objektiv reflektiert oder ausgeblendet wird. Folglich entsteht ein Pixelbild auf der Projektionsfläche, dessen Helligkeit dynamisch über den relativen Anteil der Spiegelstellung „eins" zur Stellung „null" gesteuert wird. Eine Farbdarstellung gelingt durch serielle Projektion der Grundfarben rot, grün und blau, die sich im menschlichen Auge als Mischfarbe überlagern.

5.5.2 Elektrothermisch gesteuerte Spiegel

Aufgrund der extrem kleinen Abstände zwischen den Elektroden bewirken elektrostatische Aktoren bereits bei geringer Leistung große Anziehungskräfte. Im Fall der Mikrospiegel begrenzt der geringe Elektrodenabstand aber den maximalen Kippwinkel, sodass ein Kompromiss zwischen Auslenkung, Rückstellkraft und Elektrodenabstand geschlossen werden muss. Hohe Kippwinkel, d. h. große Abstände, erfordern geringe Federkräfte und dem entsprechend äußerst feine Aufhängungen der Spiegelfläche, um über die Coulombkräfte die geforderte Auslenkung zu erzielen.

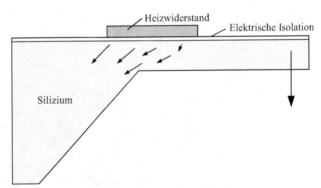

Bild 5.35: Elektrothermischer Aktor, der die Verlustleistung eines Widerstandes über die thermische Expansion zur Bewegung eines Steges nutzt

Aus diesem Grund muss für große statische Kippwinkel, wie sie für analog ablenkende Mikrospiegel wünschenswert sind, eine andere, wirkungsvollere Aktorik eingesetzt werden. Ansätze mit elektromagnetischer Ansteuerung liefern zwar große Kippwinkel, erfordern aber relativ große bewegte Massen.

Alternativ verursacht eine Erwärmung der Oberfläche eines Siliziumsteges über ein Heizelement einen Wärmefluss und damit einen Temperaturgradienten vom Ort der Erwärmung zum massiven Silizium als Wärmesenke hin. Der Temperaturgradient bewirkt über die thermische Expansion des Siliziums eine Verbiegung des Steges, die in der Aktorik genutzt werden kann. Verursacht eine elektrische Leistung die Erwärmung, so handelt es sich um einen elektrothermischen Aktor.

Das Prinzip der elektrothermischen Aktorik eignet sich zur Ansteuerung von Mikrospiegeln, die in zwei Raumrichtungen gekippt werden können. Im einfachsten Fall ist die Spiegelfläche an vier Befestigungsstegen aus Silizium aufgehängt, wobei jeder Steg über einen Widerstand elektrisch beheizt werden kann. Die Erwärmung eines Steges führt jeweils zur Absenkung des Befestigungssteges, sodass die Spiegelfläche verkippt wird. Die Höhe der zugeführten Verlustleistung bestimmt dann den Kippwinkel.

Bild 5.36 zeigt als Beispiel ein Layout für einen Mikrospiegel, der über vier elektrothermische Aktoren gekippt werden kann. Die vier Heizwiderstände führen über die gesamte Steglänge und sind über die mit Aluminium beschichtete Spiegelfläche als gemeinsamen Massekontakt elektrisch miteinander verbunden.

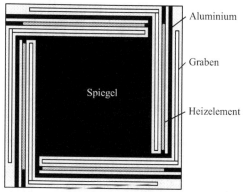

Bild 5.36: Layout eines in zwei Richtungen kippbaren Mikrospiegels mit vier elektrothermisch gesteuerten Befestigungsstegen

Neben der Aufhängung der Spiegelfläche an den Eckpunkten bieten sich kardanische bzw. mittige Befestigungen zur Vergrößerung der Kippwinkel an. Während die in Bild 5.36 dargestellte Variante nur durch Absenkung der Fläche ausgelenkt werden kann, bieten die alternativen Bauformen auch eine Kippung aus der Oberfläche hinaus.

Sämtliche Bauformen lassen sich mit der in Bild 5.37 dargestellten Prozessfolge in Silizium-Volumenmikromechanik mit anisotroper Rückseitenätzung integrieren. Dazu wird zunächst eine n-leitende Epitaxieschicht als Ätzstopp für das elektrochemische Ätzen oder eine p^+-Epitaxie für rein chemisches anisotropes Ätzen in einer Stärke entsprechend der gewünschten Spiegeldicke abgeschieden. Zur Maskierung während der späteren KOH-Ätzung folgt eine LPCVD-Deposition von Siliziumnitrid auf beiden Seiten der Scheibe. Das Nitrid muss allerdings später von der Epitaxieschicht wieder entfernt werden, da es thermisch nicht gut leitend ist.

Es folgt das reaktive Sputtern von Aluminiumoxid als elektrische Oberflächenisolation mit guter thermischer Leitfähigkeit in einer Dicke von ca. 100 nm. Daran schließt sich die Bedampfung mit dem Widerstandsmaterial an, das über einen Fotolithografie- und Ätzschritt strukturiert wird. Die Widerstände werden mit Aluminium kontaktiert, gleichzeitig dient das Aluminium als Spiegeloberfläche. Die Beschichtung erfolgt über eine Elektronenstrahlbedampfung, weil diese im Vergleich zu gesputterten Schichten höhere Reflektivitäten liefert.

Als Materialien für die Heizwiderstände bieten sich Chrom, Nickel oder Titan an; Aluminium ist wegen möglicher Elektromigrationseffekte bei hohen Stromstärken ungeeignet. Die elektrische Isolation zum Silizium sollte thermisch gut leitfähig sein, sodass Aluminiumkeramiken wie Al_2O_3 oder AlN dem üblichen Siliziumdioxid vorzuziehen sind.

Der nächste Prozessschritt beinhaltet das Öffnen der Siliziumnitridmaske auf der Scheibenrückseite. Dazu ist eine Justierung der Maskenöffnung relativ zur Position der Struktur auf der Vorderseite erforderlich. Diese kann z. B. mit Infrarotlichtdurchstrahlung der Siliziumscheibe erfolgen, da Silizium in diesem Spektralbereich lichtdurchlässig ist. Alternativ bieten sich aufwändigere Verfahren mit einem Rückseitenmikroskop zur exakten Ausrichtung der Strukturen auf der Scheibenvorderseite zu denen auf der Rückseite an.

Daran schließt sich die anisotrope Siliziumätzung in KOH-Lösung an. Bei einem pn-Übergang als Stoppschicht muss elektrochemisch geätzt und somit die n-Schicht kontaktiert werden. Im Fall des p⁺-Ätzstopps kann die Scheibe einfach in die heiße Lösung getaucht werden. Unabhängig vom Ätzverfahren ist eine Maskierung der Oberfläche erforderlich, da die Metallisierung der KOH-Lösung nicht widersteht. Geeignete Verfahren sind die Dosenätzung, bei der die Scheibenvorderseite über eine abgedichtete Dose von der Lösung getrennt wird, oder die Versiegelung der Oberfläche mit einer Glasscheibe, die mit Wachs aufgeklebt wird.

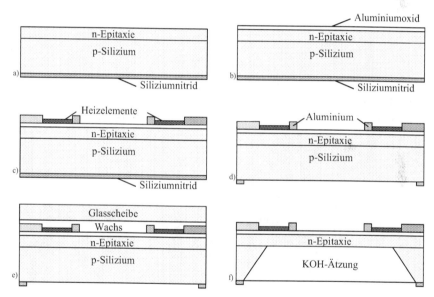

Bild 5.37: Prozessfolge für die Integration der elektrothermisch gesteuerten Mikrospiegel in Volumenmikromechanik: a) n⁻-Epitaxie, b) Aluminiumoxid sputtern, c)Heizelementstrukturierung und Aluminiumverdrahtung, d) Öffnen des Rückseitennitrides, e) Oberflächenpassivierung durch Aufwachsen einer Glasscheibe, f) KOH-Ätzung und Entfernen des Glases

Reines Bienenwachs widersteht der KOH-Lösung für einige Stunden, es schmilzt aber bereits bei 54°C. Folglich darf die KOH-Lösung diese

Temperatur nicht erreichen. Spezielle Stearin-Wachse weisen Schmelz-
punkte bis zu 110°C auf, sodass bei ihrer Anwendung höhere Lösungs-
temperaturen und damit größere Ätzraten möglich sind.

Die Glasscheibe lässt sich nach der KOH-Ätzung durch Aufschmelzen
des Wachses wieder entfernen, das Wachs selbst löst sich in Lösungs-
mitteln oder verbrennt im Sauerstoffplasma. Ein letzter Lithografieschritt
legt die Gräben zur Durchtrennung der Membran fest, denn zwischen der
Spiegelfläche und den Befestigungsstegen sowie dem Rahmensilizium
muss das Membranmaterial entfernt werden. Das Al_2O_3 kann nur durch
Ionenstrahlätzen abgetragen werden, daran schließt sich das Trockenätzen der Siliziummembran an.

Bild 5.38 zeigt Fotos von zwei unterschiedlich am Substrat befestigten,
in Volumenmikromechanik integrierten, Spiegelelementen mit Titan-
Heizwiderständen als Aktoren. Bei ca. 20 µm Siliziumdicke für die Stege
und den Spiegel lassen sich mit Steuerleistungen von ca. 50 mW
Auslenkungen der Spiegelfläche von ca. 1° aus der Ruhelage erzielen.
Bei dynamischer Ansteuerung unter Atmosphärenbedingungen ändert
sich die Amplitude bis ca. 150 Hz nicht, erst bei höherer Frequenz setzt
die Dämpfung infolge der begrenzten thermischen Leitfähigkeit des
Siliziums ein.

Bild 5.38: Fotos zweier in Volumenmikromechanik hergestellten Mikrospiegel
unterschiedlicher Bauart mit jeweils vier elektrothermischen Aktoren

Durch Reduktion der Siliziumdicke lassen sich Kippwinkel von bis zu +/- 7° in x- und y-Richtung erreichen. Allerdings sinkt dann die Grenzfrequenz auf ca. 100 Hz. Bild 5.39 zeigt ein Chipgehäuse mit einem thermisch steuerbaren Mikrospiegelarray.

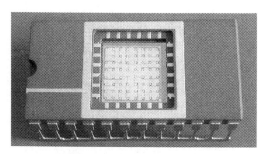

Bild 5.39: Thermisch gesteuerte Mikrospiegel als Array im Gehäuse

Alternativ bietet sich die Integration der Spiegel in Oberflächenmikromechanik an. Dabei entfällt der kritische KOH-Ätzschritt zur Rückseitenbearbeitung. Bild 5.40 zeigt einen möglichen Prozessablauf für eine Integration der Spiegel in Oberflächenmikromechanik mit polykristallinem Silizium als aktive Schicht.

Die Integration startet mit einer möglichst ausgedehnten Oxidation des Siliziums, denn die Dicke des Oxides beschränkt in Abhängigkeit von der Spiegelgröße die maximale Auslenkung. Das Oxid dient lokal als Opferoxid und wird zum Prozessende nasschemisch entfernt.

Im LPCVD-Verfahren abgeschiedenes Polysilizium lagert sich als Aktivschicht auf dem Oxid an. Das Polysilizium dient als Trägermaterial für die Spiegelfläche, es bildet auch die Substanz für die Befestigungsstege. Für eine ausreichende Stabilität sollte es zumindest etwa 5 µm Dicke aufweisen.

Daran schließen sich die Herstellung der Heizelemente sowie die Verdrahtung der Widerstände an. Um die Spiegelfläche vom Untergrund zu lösen, ist eine selektive isotrope Oxidätzung in Flusssäurelösung erforderlich. Dazu muss die Oberfläche vor dem Ätzangriff geschützt werden. Auf der Aluminiummetallisierung bietet sich wegen der geringen Prozesstemperatur eine PECVD-Abscheidung von Siliziumnitrid als Maskierung an. Dabei ist eine porenfreie Schichtbildung an der Oberfläche für eine vollständige Maskierung erforderlich.

Die letzte Lithografietechnik definiert die Ätzöffnungen in Form eines Grabens entlang der Befestigungsstege und der Spiegelfläche. Das Polysilizium kann hier im Trockenätzverfahren durchätzt werden, anschließend erfolgt die HF-Ätzung zum Freilegen der beweglichen Polysiliziumstruktur durch Entfernen des Opferoxides.

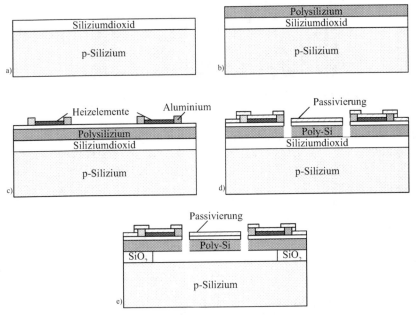

Bild 5.40: Prozessfolge zur Integration der Mikrospiegel in Oberflächen-mikromechanik

Die Prozessführung in Oberflächenmikromechanik erscheint einfacher als in der Volumenmikromechanik, jedoch müssen die Polysilizium-schichten spannungsneutral abgeschieden werden. Auch die Unterätzung des Polysiliziums ist im Fall eines thermisch gewachsenen Oxids sehr zeitintensiv, sodass hier häufig schnell ätzbare dotierte CVD-Oxide in Form von Phosphorglas eingesetzt werden. Die Spiegelfläche selbst weist eine geringere Reflektivität als in Volumenmikromechanik auf,

weil das polykristalline Silizium bei mehreren Mikrometern Dicke eine
große Oberflächenrauhigkeit zeigt.

5.6 Tintendruckköpfe

Tintendruckköpfe sind ein wesentlicher Markt der Mikrosystemtechnik.
Jährlich erfordern die weltweit vorhandenen oder neu hergestellten
Tintendrucker einige Millionen Druckköpfe, die in ihren Abmessungen
Mikrometerpräzision aufweisen müssen. Die dazu erforderlichen Ferti-
gungsschritte sind Prozesse der Siliziumtechnologie.

Grundsätzlich lassen sich Tintendrucker mit Piezojet- oder Bubble-Jet-
Druckköpfen bestücken. Beide Verfahren werden heute weltweit genutzt,
wobei die Schnelligkeit des Druckens sowie die Größe der einzelnen
Tintentröpfchen wesentliche Verkaufskriterien sind.

5.6.1 Piezojet-Druckköpfe

Der Piezojet-Druckkopf nutzt als Aktor einen piezoelektrischen Kristall,
der bei Anlegen einer elektrischen Spannung einen Überdruck in einem
mit Tinte gefüllten Hohlraum erzeugt. Der Druckausgleich erfolgt über
eine Düse, aus deren Öffnung ein Tintentröpfchen mit einer Geschwindigkeit von etwa 10 m/s austritt.

Bild 5.41 zeigt den prinzipiellen Aufbau eines einzelnen Tintenkanals
des Piezojet-Druckkopfes im Querschnitt. Der Druckkopf besteht aus
einkristallinem Silizium, das mit Kanälen für die Tinte durchzogen ist.
Die Vertiefungen für die Tintenkanäle lassen sich mithilfe der Trockenätztechnik, z. B. im ICP-Verfahren, anisotrop in den Siliziumkristall
hinein ätzen. Alternativ ist auch ein anisotroper Ätzprozess mit KOH-
oder EDP-Lösung in (110)-orientierten Siliziumsubstraten möglich.
Anschließend erfolgt der Verschluss der Kanaloberfläche durch eine
dünne Siliziummembran, die per anodisches Bonden porenfrei
aufgebracht wird.

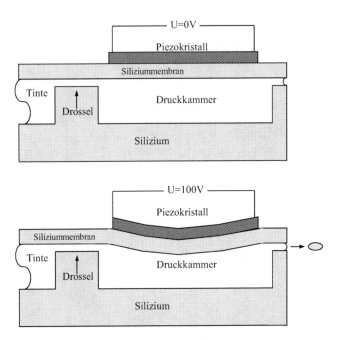

Bild 5.41: Querschnitt eines piezoelektrisch gesteuerten Druckkopfes, oben im
Ruhezustand, unten während der Ansteuerung des Piezokristalls

Das Aufbringen des piezoelektrischen Aktors, der bislang nicht in
ausreichender Qualität direkt auf der Oberfläche abgeschieden werden
kann, geschieht im letzten Schritt. Infolge dieses Montageschrittes
handelt es sich beim Piezojet-Druckkopf also um ein hybrides Mikrosystem.

Piezojet-Druckköpfe zeichnen sich durch hohe Druckgeschwindigkeiten
aus. Der Durchmesser einer Düse dieses Drucksystems beträgt ca. $40\,\mu m$,
der eines ausgestoßenen Tintentropfens liegt bei minimal etwa $60\,\mu m$ bei
einer Wiederholrate von $10\,\mu s$. Der entstehende Fleck auf dem Papier
weist einen deutlich höheren Durchmesser von ca. $100\text{-}120\,\mu m$ auf. Über
die Höhe der Steuerspannung lässt sich das Tropfenvolumen beeinflussen.

Auch Öle und andere flüssige Medien sind mit dem Piezojet druckbar.
Speziell im Bereich der gedruckten Elektronik mit organischen Halb-

leitern oder Polymeren zeigt das Verfahren aufgrund der geringen thermischen Belastung des Druckmediums Vorteile gegenüber dem Bubblejet-Druckkopf.

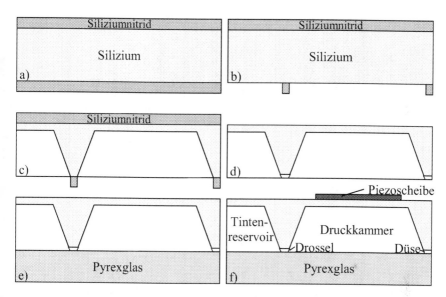

Bild 5.42: Technologieablauf zur Herstellung eines Piezo-Druckkopfes auf (100)-orientiertem Silizium: a) Nitridbeschichtung, b) Rückseitenbelichtung und Nitridätzung, c) KOH-Membranätzung, d) Kanalätzung für die Düse und die Drossel, e) Pyrexglas aufbonden, f) Aufkleben/Laminieren der Piezoscheibe

5.6.2 Bubblejet-Druckkopf

Die Idee dieses Tintendruckverfahrens liegt in der thermischen Verdampfung von Flüssigkeit zum Ausstoß eines Tintentropfens aus einer Düse. Im Druckkopf sind dazu Heizelemente erforderlich, die innerhalb möglichst kurzer Zeit ausreichend Energie an die Tinte übertragen können, um eine Dampfblase zu generieren. Bild 5.43 zeigt eine Prinzipskizze eines Druckkanals.

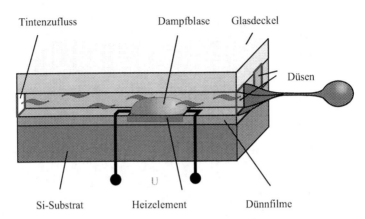

Bild 5.43: Prinzip des Bubblejet-Druckkopfes mit seitlicher Tintenemmission durch Dampfblasenerzeugung (mit freundlicher Genehmigung von W. Wehl, FH Heilbronn)

Der Bubblejet-Druckprozess lässt sich in vier Phasen zerlegen:

- die Steuerspannung wird angelegt, das Heizelement und die Tinte heizen sich auf,

- es bildet sich eine Dampfblase über dem Heizelement, die durch weitere Energiezufuhr weit über den Siedepunkt hinaus erhitzt wird

- die Dampfblase breitet sich explosionsartig aus und führt zum Ausstoss eines Tintentropfens, während die Steuerleistung bereits wieder abgeschaltet ist,

- die Dampfblase fällt in sich zusammen, gleichzeitig fließt Tinte aus dem Reservoir nach und füllt die Düse durch Kapillarkräfte wieder auf.

Der gesamte Vorgang dauert, je nach Düsendurchmesser, zwischen ca. 50 bis 250 μs. Entscheidend für die Druckgeschwindigkeit sind dabei die Zeiten für die Wärmeableitung aus dem Heizelement sowie insbesondere die Dauer der Wiederbefüllung der Düse mit Tinte.

Die Herstellung des Bubblejet-Druckkopfes erfolgt in Planartechnik auf einem Siliziumträger. Dabei dient das Silizium im Druckkopf nur zur schnellen Wärmeableitung, es kann aber im Mikrosystem zusätzlich die

komplette Steuerelektronik beinhalten. Bild 5.44 zeigt den Querschnitt
eines Tintenkanals samt Elektronik in CMOS-Technologie.

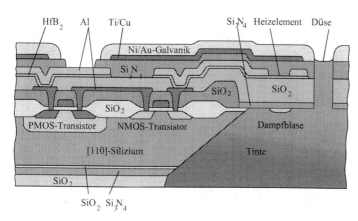

Bild 5.44: Integration eines Bubblejet-Tintenkanals mit CMOS-Ansteuerung in
Planartechnik /46/

5.7 Mikromotoren

Mikromotoren werden in der Siliziumtechnologie nahezu ausschließlich
in Oberflächenmikromechanik unter Nutzung elektrostatischer Stellkräfte
hergestellt. Linearmotoren als auch Rotor/Stator-Motoren finden sich
häufig in der Literatur, allerdings ist ihre Bedeutung zurzeit noch eher
gering. Trotzdem demonstrieren sie in eindrucksvoller Weise die Möglichkeiten der Mikrosystemtechnik.

5.7.1 Mikromotor mit Rotor/Stator-Antrieb

Der elektrostatisch angetriebene Mikromotor lässt sich in Oberflächenmikromechanik mit aktiven Polysiliziumschichten und Opferschichten
aus Siliziumdioxid herstellen. Bild 5.45 zeigt einen möglichen Prozess
zur Herstellung eines frei beweglichen Rotors mit ca. 1 μm Abstand
zwischen den Rotorpolen und den Stator-Elektroden.

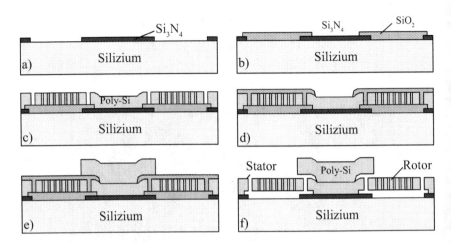

Bild 5.45: Prozessfolge zur Herstellung eines Mikromotors mit Polysilizium-
Rotor/Stator: a) Nitridabscheidung, b) Opferoxidabscheidung, c)
Polysiliziumabscheidung mit Rotor/Stator-Ätzung, d) Oxiddeposition
und Strukturierung, e) Polkappenabscheidung mit Polysilizium, f)
nasschemische Oxidätzung

Das Siliziumnitrid legt als Startschicht die Verankerung der Motorachse
und der Statoren auf dem Substrat fest. Das darüber abgeschiedene Oxid
dient als Opferschicht und erlaubt später das Ablösen des Rotors vom
Untergrund. Der Rotor wird gemeinsam mit dem Stator und der Achse
als dicke polykristalline Siliziumschicht abgeschieden und im Trockenätzverfahren durch anisotropes Ätzen strukturiert. Dieser Ätzschritt
erzeugt gleichzeitig viele kleine Poren im Rotor, die das spätere Ätzen
der Opferschicht erleichtern.

Zur Befestigung des Rotors auf der Achse ist eine zweite Polysiliziumabscheidung notwendig. Allerdings muss zuvor zwischen dem
Rotor und der Achskappe ein Oxid aufgebracht werden, um auch hier
eine Trennung durch selektives Ätzen zu ermöglichen.

Die im Polysilizium-Rotor angedeuteten Öffnungen unterstützen den
nasschemischen isotropen Ätzprozess zum Entfernen der Hilfsschichten.
Sie werden selektiv zu den anderen Materialien in HF-Lösung abgetragen.

Nachdem das Oxid unter dem Rotor vollständig entfernt ist, muss sich ein superkritischer Trocknungsprozess anschließen, um das Anhaften des Rotors auf dem Untergrund zu verhindern. Bild 5.46 zeigt einen nach diesem Verfahren strukturierten Mikromotor sowie einen Ausschnitt des Rotors.

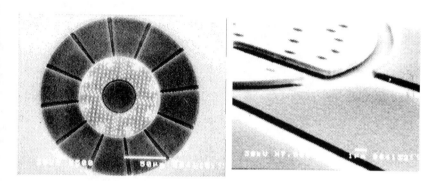

Bild 5.46: Elektrostatisch angetriebener Mikromotor, hergestellt aus polykristallinem Silizium in Oberflächenmikromechanik, und Blick auf den Rotor (rechts)

5.7.2 Elektrostatischer Hubantrieb

Bereits beim Drehschwinger des Drehratensensors wurde ein Kammantrieb zur Schwingungsanregung genutzt. Die Auslenkung eines Kammantriebes lässt sich - vergleichbar zum Kolbenmotor - über ein Pleuel in eine Rotationsbewegung umsetzen. Dies wurde in Oberflächenmikromechanik durch mehrlagige Polysilizium- und Opferschichtabscheidungen von Sandia demonstriert /47/.

Die dort vorgestellten Mikromotoren nutzen zwei um 90°gegeneinander versetzte Kammantriebe, die ihre Kraft über zwei Pleuel auf einen Exzenter übertragen. Daraus resultiert eine Drehbewegung, die über Zahnräder zur Ansteuerung weiterer Elemente genutzt werden kann. Bild 5.47 zeigt den Aufbau des Mikromotors mit Kammantrieb und die Umsetzung der Pendelbewegung in eine Rotation.

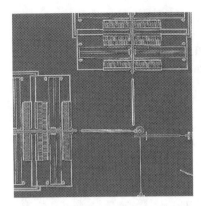 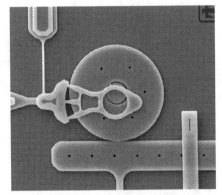

Bild 5.47: Links: Mikromotor, bestehend aus zwei von Polysiliziumfedern gehaltenen Kammantrieben, die über Pleuelstangen einen Exzenter in Rotation versetzen, rechts Detailansicht des Exzenters /47/

5.8 Optische Schalter

Lichtwege in Glasfasern lassen sich durch mikromechanische Verschiebeelemente schalten. Diese nutzen z. B. elektrothermische Aktoren, die durch thermische Expansion einen Steg aus seiner Ruhelage lateral auslenken und darüber eine Glasfaser verschieben bzw. zu einem zweiten Wellenleiter justieren.

Wesentlich für diese Anwendung ist die exakte Positionierung der Glasfasern zueinander. In (100)-Silizium lassen sich V-Gruben, deren Tiefe durch die Weite der Maskenöffnung während des KOH-Ätzens definiert wird, zum Einlegen der Glasfasern strukturieren. Anschließend muss der V-Graben unterbrochen und ein Teil als bewegliches Element durch Rückseitenätzung und laterale Grabenätzung freigelegt werden. Nachteilig dabei ist der Platzbedarf einer solchen Struktur, außerdem bewirkt die infolge der anisotropen Ätzung unterschiedliche Siliziumstärke in Abhängigkeit von der Tiefe neben der horizontalen Faserbewegung eine unerwünschte vertikale Bewegung.

Günstiger ist eine freitragende Halterung der Glasfaser auf einem lateral elektrothermisch steuerbaren Steg. Die Glasfaser befindet sich auf einer Halterung an der Spitze zweier verbundener Stege, deren Länge über

Heizelemente unabhängig von einander kontrolliert werden kann. Dadurch lässt sich die Faser lateral bewegen, allerdings tritt auch hier eine leichte Vertikalverschiebung auf. Zur Kompensation befindet sich auch die anzukoppelnde Faser auf einer vertikal einstellbaren Halterung, die ebenfalls elektrothermisch verfahrbar ist.

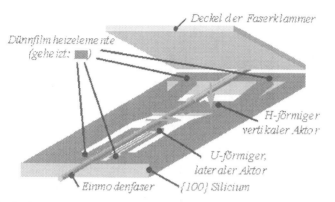

Bild 5.48: Optischer Mikroschalter, hergestellt in Oberflächenmikromechanik auf Silizium (E. Voges, Universität Dortmund)

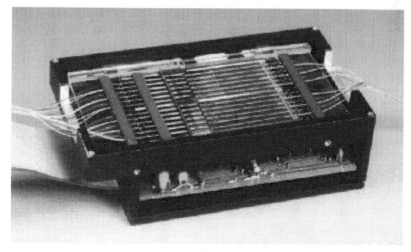

Bild 5.49: 12-Kanal Faserschalter mit elektrothermischer Aktorik (E. Voges, Universität Dortmund)

Die Schaltzeit des optischen Mikroschalters beträgt ca. 1 ms, eine Reduktion um eine Größenordnung erscheint möglich. Bild 5.48 zeigt die Prinzipskizze eines 1x2 Glasfaserschalters, Bild 5.49 die Anwendung als 12-kanalige Faser-Schaltmatrix.

5.9 Mikrooptik

Mikrooptische Komponenten finden Anwendung bei der hochratigen Datenübertragung in den Glasfasernetzen, in der Sensorik und auch in der Automatisierungstechnik. Dazu werden beispielsweise die optischen Bauelemente Koppler, Verzweigungen, Interferometer und Spektrometer eingesetzt. Diese lassen sich als integrierte Elemente in Glas, Lithium-niobat ($LiNbO_3$), speziellen transparenten Kunststoffen oder auf Silizium herstellen.

5.9.1 Integrierte Optik auf Silizium

Die in Kapitel 3 vorgestellten SiON- und Si_3N_4-Wellenleiter auf Silizium ermöglichen die Herstellung mikrooptischer Strukturen im Chip-Format, sodass die Kombination dieser Technologie mit der Mikrosystemtechnik für neue Anwendungen geeignet ist. Wesentliche Voraussetzung dazu ist eine Ankopplung der Wellenleiter an die Elektronik, um eine Verarbeitung der im optischen Signal enthaltenen Informationen zu ermöglichen.

Die Kopplung von integrierten Wellenleitern an Fotodetektoren ist für eine monolithische Integration mit mikroelektronischen Schaltungen als Schnittstelle beider Mikrotechnologien unerlässlich. Am einfachsten lässt sich das Lichtsignal bezüglich seiner Intensität über Fotodioden erfassen. Bild 5.50 zeigt mögliche Varianten der Ankopplung von SiON-Wellenleitern an integrierte Fotodetektoren.

Bei der Leckwellenkopplung ist eine äußerst ebene Scheibenoberfläche erforderlich, um das optische Signal ohne Streuverluste am Übergang vom Oxid zur Diode zu erfassen. Die Stoßkopplung erfordert eine Diodenbauform als Mesastruktur, wobei möglichst senkrechte Mesa-flanken für eine gute Lichteinkopplung notwendig sind.

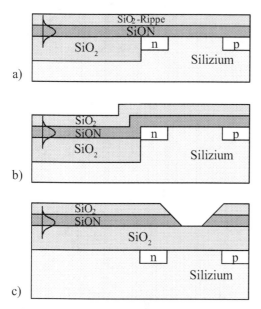

Bild 5.50: Kopplung von integrierten Wellenleitern an Fotodioden: a) Leck-wellenkopplung, b) Stoßkopplung und c) Stoßkopplung über eine Spiegelfläche im Wellenleiter

Beide Varianten der Kopplung lassen sich durch eine Prozessführung in speziellen lokalen Oxidationstechniken realisieren. Dazu eignen sich z. B. die „Super-Planar Oxidation Technique" (SPOT) oder die „Side Wall Mask Isolation Technique" (SWAMI). Beide Verfahren liefern planare Oberflächen, wobei die SWAMI-Technik auch die Erzeugung der Mesa-Struktur erlaubt /48/.

Das SPOT-Verfahren nutzt den Verbrauch von Silizium aus dem Substrat während der thermischen Oxidation zur Oberflächenplanarisierung aus. Dazu wird zunächst eine Nitridschicht auf der Scheibenoberfläche abgeschieden, die als Maskierung während einer intensiven thermischen Oxidation auf eine Dicke von über 2 µm dient. Dieses Oxid wird direkt im Anschluss an die Oxidation durch nasschemisches Ätzen wieder entfernt, sodass der Bereich, den die Diode belegt, aus der Oberfläche heraus ragt.

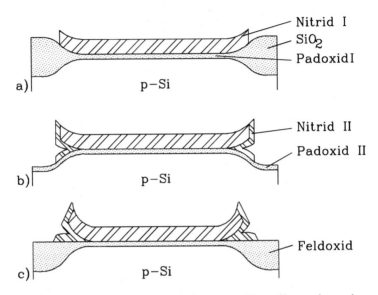

Bild 5.51: Super Planar Oxidation Technique zur Herstellung einer planaren Scheibenoberfläche bei hoher Oxiddicke außerhalb des aktiven Siliziums

Es schließt sich eine konforme zweite Nitridabscheidung an, die sämtliche freiliegenden Oberflächen versiegelt. Durch anisotropes Rückätzen des zweiten Nitrides bildet sich eine Maskierschicht an den seitlichen Mesaflanken, da die Ätzradikale vom Nitrid I abgefangen werden. Eine zweite thermische Oxidation führt nun zur gewünschten Oxidschichtdicke im Feldbereich. Infolge der Unteroxidation des Nitrid II schließt das Oxid stufenlos an die Siliziumoberfläche des Mesas an.

Nachteilig sind der hohe prozesstechnische Aufwand zur Erzeugung der planaren Oberfläche sowie die mangelhafte Strukturtreue bei der Übertragung, da die aktive Siliziumfläche infolge der Unteroxidation der Nitridmasken in ihren Abmessungen reduziert wird. Des Weiteren ist für eine Oxidschicht von 2 µm eine erste thermische Oxidation von ca. 2,5 µm Dicke notwendig; diese erfordert entweder sehr hohe Prozesstemperaturen oder eine extrem lange Oxidationszeit.

Besser geeignet ist die SWAMI-Technik, die ebenfalls zwei Nitridabscheidungen nutzt. Bild 5.52 verdeutlicht den Prozessablauf.

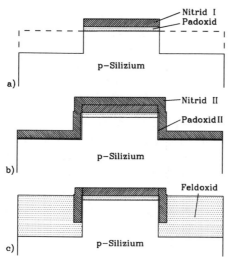

Bild 5.52: SWAMI-Technik zur lokalen Oxidation von Silizium: a) Strukturierung der Nitridmaske und Anätzen des Siliziums, b) Flankenpassivierung durch konforme Nitridabscheidung und c) Struktur nach der thermischen Oxidation

Nach der Abscheidung der Nitridschicht folgt hier eine Strukturierung des Siliziums über eine Fotolackmaske und einen Trockenätzschritt. Dabei wird das Silizium um ca. 55% der später gewünschten Oxiddicke anisotrop zurückgeätzt, um eine planare Oberfläche zu erreichen.

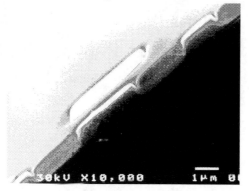

Bild 5.53: Oberflächenplanarität der Siliziumscheibe nach der thermischen Oxidation unter Anwendung der SWAMI-Technik

Eine zweite Nitridabscheidung versiegelt die Flanken der Siliziummesa; dieses Nitrid wird anisotrop wieder zurückgeätzt. Nach der anschließenden thermischen Oxidation auf die gewünschte Oxiddicke steht eine weitgehend planare Oberfläche zur Verfügung, die lediglich im Bereich der entfernten Flankenversiegelung eine enge Einschnürung aufweist. Bild 5.53 verdeutlicht die erzielbare Oberflächenplanarität.

Auf der Basis dieser technologischen Voraussetzungen lassen sich Lichtwellenleiter an Fotodioden ankoppeln. Als Lichtquelle eignen sich HeNe-Laser (λ=632,8 nm) oder AlGaInP-Laserdioden (λ=675 nm), deren Ausgangssignal über Glasfaser in den Wellenleiter eingekoppelt wird.

Bild 5.54 zeigt eine Streulichtaufnahme von Wellenleitern, die über Stoßkopplung an Dioden unterschiedlicher Länge zwischen 3 µm und 25 µm angekoppelt sind. Charakteristisch ist der starke Lichtreflex am Übergang vom Oxid zum Silizium, resultierend aus einer Verrundung der Grenzfläche infolge der intensiven thermischen Oxidation von ca. 2 µm Dicke. Dabei trifft das geführte Licht nicht mehr senkrecht auf die Diodenflanke, sondern wird unter einem Winkel aus dem wellenführenden Schichtaufbau hinaus gestreut.

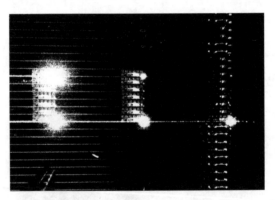

Bild 5.54: Streulichtaufnahme von Wellenleitern, die jeweils an drei identische Dioden unterschiedlicher Baulänge per Stoßkopplung ankoppeln

Der gemessene Fotostrom an den einzelnen Dioden, normiert auf den Fotostrom der ersten vom Wellenleiter getroffenen Diode, zeigt auch im Fall der Stoßkopplung eine Abhängigkeit von der Diodenlänge (5.55). Da

die Absorption des Lichts bei λ=632,8 nm im Silizium relativ hoch ist,
kann durch eine 25 μm lange Diode im Fall der Stoßkopplung keine
wesentliche Intensität hinter der Diode in den Wellenleiter einkoppeln.

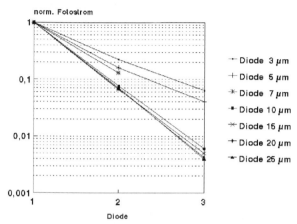

Bild 5.55: Fotostrom der Dioden aus Bild 5.54, normiert auf den Strom der
ersten Fotodiode im Wellenleiter /49/

Vielmehr tritt bei der Einkopplung eine Lichtstreuung auf, die einen Teil
der Intensität in den Wellenleiter über der Fotodiode einkoppelt, der
anschließend in Abhängigkeit von der Diodenlänge per Leckwellenkopplung in das Silizium der Diode überkoppelt. Der nicht absorbierte
oder gestreute Teil der ursprünglichen Lichtleistung erfährt am Ende der
Diode eine weitere Streuung, sodass ein Teil der Intensität erneut in den
Wellenleiter einkoppelt und zur nächsten Diode geführt wird (Bild 5.56).

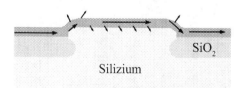

Bild 5.56: Streuung des Lichts infolge Unteroxidation der Nitridmaskierung bei
der Stoßkopplung des Wellenleiters an eine Diode

Im Vergleich zur Stoßkopplung weist die reine Leckwellenkopplung ein technologisch nur über chemisch-mechanisches Polieren handhabbares Kopplungsverhalten auf. Der Übergang vom Siliziumdioxid unter dem Wellenleiter auf die Diodenoberfläche muss in diesem Fall extrem glatt verlaufen, bereits Stufen von 40 nm Höhe führen zu erheblichen Streuverlusten. Diese Gleichmäßigkeit ist durch eine lokale Oxidationstechnik allein nicht zu erreichen. Allerdings kann nach dem Abscheiden einer zusätzlichen CVD-Oxidschicht ein Polierschritt die Anforderungen erfüllen. In diesem Fall ist der Grad der Ankopplung des Wellenleiters an die Fotodiode eine Funktion der Diodenlänge.

Günstigere technologische Voraussetzungen liefert die Stoßkopplung über einen Spiegel. Das geführte Licht gelangt wegen des weitgehend planaren Substrates ohne wesentliche Verluste vom Oxid auf das Silizium der aktiven Diodenfläche. Es erfährt erst dort eine Richtungsänderung durch Reflexion an der Spiegeloberfläche und trifft danach nahezu senkrecht auf den lichtempfindlichen Bereich der Diode. Bild 5.57 verdeutlicht die vergleichsweise gute Ankopplung.

Einfache optische Mikrosysteme bestehen nun aus einem abgleichbaren Mach-Zehnder-Interferometer mit einem Sensor im Signalzweig und einer Fotodiode am Ausgang. Der Sensor kann beispielsweise aus einer Beschichtung der Wellenleiteroberfläche mit einem gassensitiven Polymer bestehen, das nach Herstellung der Wellenleiter lokal aufgebracht wird. Das Polymer beeinflusst in Abhängigkeit von der Gaskonzentration den effektiven Brechungsindex im Wellenleiter und führt zur Phasenverschiebung.

Bild 5.57: Kopplung eines Wellenleiters an eine Fotodiode über einen integrierten Spiegel zur Signalumlenkung

Um gleichzeitig eine Signalverarbeitung auf dem Chip zu ermöglichen, ist eine monolithische Integration der optischen Komponenten mit mikroelektronischen Schaltungen erforderlich. Dazu ist eine Betrachtung der Komplexität der einzelnen Technologien sinnvoll.

Tabelle 5.1: Vergleich der Komplexität der CMOS-Technologie mit der Mikromechanik und der Integrierten Optik auf der Basis der jeweiligen Grundstrukturen der Silizium-Prozesstechnik

	MOS-Technik (CMOS)	Mikro-mechanik	Integrierte Optik
Lithografieebenen	8-14	2	2
Dotierschritte	4-7	1	--
Ätzungen	8	2-4	1-3
Depositionen	5-6	2-3	2-3
Prozessschritte	140- >300	10-30	8-25

Allein anhand der Zahl der Prozessschritte zeigt sich die enorme Komplexität der mikroelektronischen Integrationstechnik im Vergleich zu den anderen Technologien. Folglich kann nur eine Anpassung der optischen und mikromechanischen Komponenten an die MOS-Technologie sinnvoll sein. Die einzige wichtige Bedingung, die aus der integrierten Optik resultiert, ist die notwendige glatte, stufenlose Substratoberfläche; diese steht im Ablauf der MOS-Prozessführung wiederholt zur Verfügung.

In der gemeinsamen Prozesstechnik erfolgt zunächst die Integration der CMOS-Strukturen unter Verwendung der lokalen Oxidationstechnik - z. B. nach dem SWAMI-Verfahren - bis einschließlich der Abscheidung des Zwischenoxids zur dielektrischen Isolation der Gate-Elektroden vom Aluminium. Da sämtliche Dotierstoffe zu diesem Zeitpunkt bereits im Kristall eingebracht sind, darf zur Vermeidung von Diffusionseffekten kein Hochtemperaturschritt mehr stattfinden. Folglich können die wellenführenden Schichten nur im PECVD-Verfahren hergestellt werden.

Da außerhalb der Transistorbereiche bereits das Feldoxid und das Zwischenoxid vorhanden sind, folgt zur Verstärkung der Oxidschichten eine PECVD-Oxidabscheidung von etwa 1 µm Dicke. Darauf wird die wellenführende SiON-Schicht abgeschieden und mit einer weiteren Siliziumdioxidschicht abgedeckt. Aus der oberen SiO_2-Schicht werden im RIE-Verfahren die Rippen des Wellenleiters strukturiert.

Die für die Wellenleiterherstellung erforderliche maximale Temperatur beträgt nur ca. 350°C, sie ist für die mikroelektronischen Komponenten weitgehend bedeutungslos. Über eine weitere Maske folgt die Strukturierung des Spiegels zur Ankopplung der Fotodetektoren an die Wellenleiter. Gleichzeitig können die mikroelektronischen Komponenten mit dieser Ätzung wieder von den zusätzlichen Schichten befreit werden, da diese einerseits für ihre Funktion bedeutungslos sind, andererseits die Kontaktierung der Transistoren erschwert.

Damit sind die Wellenleiter fertig gestellt, es fehlt die Verdrahtung der mikroelektronischen Komponenten untereinander. Dies geschieht mithilfe einer Fotolackmaske, die sämtliche optischen Bauteile während des Trockenätzschrittes zur Kontaktlochöffnung abdeckt. Anschließend wird die Metallisierung aufgebracht und strukturiert, sodass auch der elektronische Teil des Mikrosystems funktionsfähig ist. Bild 5.58 zeigt einen Querschnitt der Struktur.

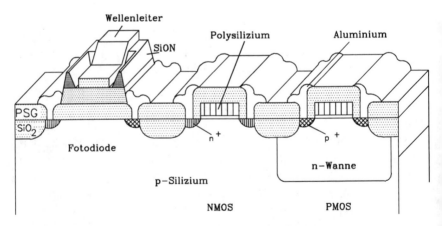

Bild 5.58: Monolithische Integration von SiON-Lichtwellenleiter, Fotodiode und CMOS-Strukturen auf einem Siliziumchip

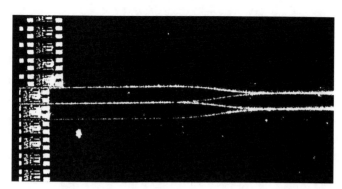

Bild 5.59: Mikrosystem zur Positionserfassung, bestehend aus einem Doppel-Michelson-Interferometer, Fotodioden und CMOS-Verstärkern

In dieser Prozesstechnik lassen sich intelligente optische Sensoren monolithisch auf einem Siliziumchip kostengünstig herstellen. Einziges hybrides Element ist die erforderliche Lichtquelle, die entweder über Glasfaser oder als Laserdiode angekoppelt werden muss. Bild 5.59 zeigt eine Mikroskopaufnahme eines Doppel-Michelson-Interferometers zur hochgenauen Entfernungsmessung mit Fotodioden und Verstärkern zur Signalerfassung.

Eine weitere Anwendung der integrierten Optik nutzt den fotoelastischen Effekt zur Messung einer Membranauslenkung infolge von Druckschwankungen. Das Mikrosystem besteht aus CMOS-Schaltungen, Fotodioden, einem Mach-Zehnder-Interferometer und Membranen aus den dielektrischen Schichten des optoelektronischen Intergrationsprozesses. Bild 5.60 zeigt einen schematischen Querschnitt des komplexen Mikrosystems.

Die Herstellung des Systems erfordert im Vergleich zur zuvor erläuterten optoelektronischen Integrationstechnik nur wenige zusätzliche Prozessschritte. Im Membranbereich definiert eine Fototechnik, aufgebracht direkt nach der Abscheidung des Zwischenoxides im CMOS-Prozess, ein Feld kleiner Öffnungen. Diese werden durch anisotropes Ätzen in das Oxid übertragen, um Zugang zum vergrabenen Silizium zu erhalten. Das Silizium lässt sich durch hochselektives isotropes Trockenätzen entfernen, sodass eine poröse Membran entsteht.

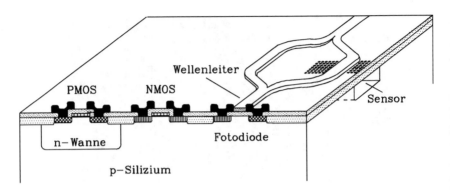

Bild 5.60: Mikrosystem, bestehend aus einem mikromechanischen Drucksensor, integrierten Wellenleitern, Fotodetektoren und CMOS-Komponenten

Während der Wellenleiterdeposition lagern sich die nacheinander abge-schiedenen Schichten aus Siliziumdioxid, SiON und erneut Silizium-dioxid in den Membranöffnungen an und führen bei ausreichender Gesamtdicke zum Verschluss der Öffnungen. Ein vollständiges Auffüllen der Ätzöffnungen im PECVD-Verfahren führt zu einem extrem niedrigen Druck (Vakuum) unter den Membranen als Referenz. Da die Stabilität der dielektrischen Schichten im Vergleich zu Silizium erheblich geringer ist, werden großflächige Membranen in diesem Fall durch Aufplatzen zerstört.

Werden die Öffnungen nicht vollständig verschlossen, so lässt sich die Membran für dynamische Messungen einsetzen. Der Druckausgleich durch Poren im Submikrometerbereich erfolgt relativ langsam, sodass in diesem Fall auch größere Membranen erhalten bleiben. Bild 5.61 zeigt ein Chipfoto der optisch auslesbaren Drucksensoren. Die Abmessungen eines Chips mit 4 Drucksensoren betragen ca. 5 mm x 1,5 mm.

Auch in diesem Mikrosystem fehlt die kohärente Lichtquelle für die Interferometrie. Sie muss erneut als externe Laserdiode angekoppelt werden, weil die Siliziumtechnologie bisher keine monolithische Inte-gration kohärenter Lichtquellen ermöglicht.

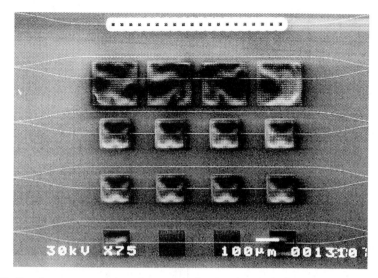

Bild 5.61: Drucksensoren mit interferometrischer Auslesetechnik

Die Prototypen bestehen aus Mach-Zehnder-Interferometern, die eine
oder - zur Empfindlichkeitserhöhung - vier Membranen von 200 µm bzw.
120 µm Kantenlänge kreuzen. Dabei werden am Ausgang der Fotodiode
Empfindlichkeiten bis zu 13 µV/mbar erzielt.

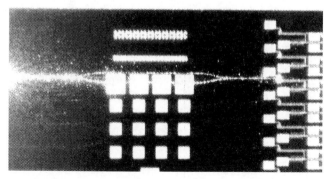

Bild 5.62: Optischer Drucksensor, bestehend aus einem Interferometer über vier
Membranen, bei eingekoppeltem Laserlicht (λ=633 nm). Die Fotodiode ist am Reflex rechts unter dem Anschlusspad angeordnet

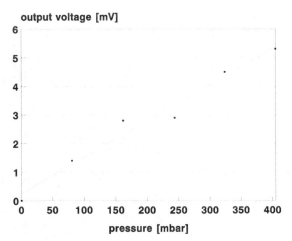

Bild 5.63: Gemessene Druckabhängigkeit des Diodensignals am Lastwiderstand bei $\lambda = 633$ nm

Wie dieses Beispiel zeigt, kann die integrierte Optik zu neuen Sensorkonzepten führen. Allerdings wirkt sich bislang die fehlende kohärente Lichtquelle auf Silizium hemmend auf den Einsatz dieser Technik aus. Die hybride Ankopplung einer Laserdiode ist keine kostengünstige Lösung, da eine hochgenaue Positionierung des Lichtemitters zum Wellenleiter notwendig ist.

5.9.2 Optischer Modulator für die Datenübertragungstechnik

Während in den zuvor genannten Anwendungen Licht im sichtbaren Spektralbereich genutzt wurde, verwendet die optische Datenübertragungstechnik Infrarotlicht mit 1,3 µm bzw. 1,55 µm Wellenlänge. Hier bietet die Siliziumtechnologie zwei Verfahren zur Modulation der geführten Intensität.

Als Modulator kann ein Mach-Zehnder-Interferometer dienen, dessen Heizelement zur Phasenverschiebung eingesetzt wird. Je nach zugeführter Heizleistung liefert der Ausgang eine Intensität, die bei konstruktiver Interferenz maximal, bei destruktiver Interferenz minimal ist. Somit wird die konstante kohärente Eingangsintensität über die Heizleistung moduliert.

Die thermooptische Modulation ermöglicht in SiON-Wellenleitern maximal einige 100 kHz als Grenzfrequenz. Ursache für die geringe Frequenz ist die begrenzte thermische Leitfähigkeit des SiON-Films, die ein schnelles Abkühlen der wellenführenden Schicht verhindert.

Dagegen lässt sich in SOI-Wellenleitern eine Variation der Ladungsträgerdichte im lichtführenden Silizium zur Brechungsindexanhebung nutzen. Vergleichbar zum n-Kanal MOS-Transistor kann durch eine positive Spannung an einer isoliert über dem wellenführenden Film angebrachten Elektrode eine Ladungsträgeranreicherung im Silizium erfolgen, die eine Brechzahländerung bewirkt und damit die Ausbreitungsgeschwindigkeit bzw. Laufzeit des optischen Signals im Wellenleiter ändert. Über ein Mach-Zehnder-Interferometer wird diese Laufzeitänderung in eine Intensitätsmodulation am Ausgang umgesetzt.

Dieses Verfahren ermöglicht die Integration schneller Modulatoren in SOI-Wellenleitern mit Grenzfrequenzen bis zu 10 GHz. Bild 5.64 zeigt den schematischen Querschnitt des optischen Modulators in einer einfachen Ausführung.

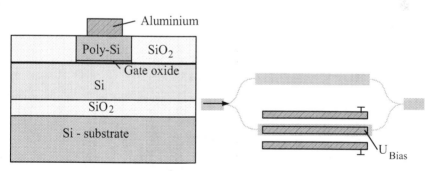

Bild 5.64: Querschnitt des optischen Modulators und Anwendung im Mach-Zehnder-Interferometer

Dabei wird die elektromagnetische Welle hauptsächlich im kristallinen Silizium unterhalb der Rippe aus polykristallinem Material geführt. Das Polysilizium ist über ein dünnes Dielektrikum elektrisch gegenüber dem

SOI-Film isoliert, sodass über den Metallkontakt eine Spannung angelegt werden kann. Eine positive Spannung führt aufgrund des elektrischen Feldes zur Anreicherung von Elektronen und damit zur Brechungsindexanhebung im lichtführenden Bereich, eine negative Spannung dagegen zur Absenkung der Brechzahl.

5.10 Gassensoren

Integrierte Gassensoren nutzen häufig dünne Membranen, die infolge ihrer niedrigen Wärmekapazität empfindlich auf eine geringe Energiezufuhr reagieren oder bei schwacher zugeführter elektrischer Leistung bereits auf hohe Temperaturen erhitzt werden können. Die geringe Wärmekapazität ist für die Funktion der Pellistoren eine wesentliche Voraussetzung, dagegen erfordern Metalloxidgassensoren oder Amalgamsensoren während der Messung oder zur Regeneration eine Temperatur zwischen 200-600°C.

5.10.1 Integrierte Pellistoren

Ein für die Mikrosystemtechnik geeigneter chemischer Sensoreffekte zum Nachweis brennbarer Gase arbeiten nach dem Prinzip des Pellistors. Das Messprinzip beruht auf einer Temperaturerhöhung durch katalytische Verbrennung des nachzuweisenden Gases.

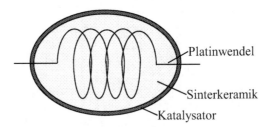

Bild 5.65: Aufbau eines hybriden Pellistors, bestehend aus einer Platinwendel in gesinterter Oxidkeramik mit Katalysatorbeschichtung

Der hybride Sensor besteht aus einer Platinwendel, die von einer gesinterten Oxidkeramik umgeben ist. Die Außenhaut der Keramik ist mit einem Katalysatormaterial beschichtet, das bei der Betriebstemperatur zur Oxidation des Gases führt. Diese chemische Reaktion setzt Wärme frei, die zur Temperaturerhöhung führt. Damit ist die Temperaturzunahme ein Maß für die Konzentration eines brennbaren Gases in der Umgebung des Pellistors.

Überlegungen zeigen, dass ein möglichst geringer thermischer Leitwert zu einer großen Temperaturänderung führt. Die Integration des Pellistors in Planartechnik sollte deshalb eine gute thermische Isolation des Katalysators beinhalten. Dies lässt sich über eine dünne Membran erreichen, die nur lokal in den Randbereichen am Substrat befestigt ist.

Günstig sind in der Siliziumtechnologie Oxid- oder Nitridmembranen, wobei letztere die höhere mechanische Stabilität aufweisen. Auf diese Membran wird ein Heizelement zur Einstellung der Betriebstemperatur aufgebracht. Häufig dient es gleichzeitig als Widerstandstemperatursensor zur Erfassung der aktuellen Membrantemperatur. Ein dünnes CVD-Oxid eignet sich zur Kapselung des Heizelementes und bewirkt gleichzeitig eine elektrische Isolation vom Katalysatormaterial. Dieses wird im Zentrum der Membran aufgedampft oder aufgesputtert.

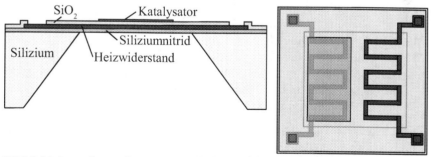

Bild 5.66: Integrierter Gassensor nach dem Wirkprinzip des Pellistors, links im Querschnitt, rechts die Aufsicht, in der auch ein Referenzwiderstand ohne Katalysator dargestellt ist

Bild 5.66 zeigt den Querschnitt eines integrierten Pellistors zum Nachweis brennbarer Gase. Das Bauelement reagiert sowohl auf Kohlenmonoxid, Ammoniak und Stickoxide, als Katalysatoren eignen sich Palladium oder Platin. Durch differenzielle Messung mit einem unbeschichteten Vergleichswiderstand werden Empfindlichkeiten im ppm-Bereich erreicht.

5.10.2 Metalloxidgassensoren

Ein Metalloxidgassensor besteht aus den Komponenten Heizung, Temperaturerfassung und Widerstandsmessstruktur für Metalloxide, sowie dem Metalloxid selbst. Sämtliche Elemente befinden sich auf einer Membran, die einerseits als Träger des Metalloxides dient, andererseits die erforderliche thermische Isolation bewirkt und somit die Heizleistung reduziert. Nur auf diese Weise sind die relativ hohen, für die Funktion des Sensors erforderlichen Temperaturen möglich.

Wesentliche Voraussetzung für die Funktion des Sensors ist ein Gleichgewicht zwischen der Sauerstoffleerstellenkonzentration im halbleitenden Metalloxid und der Konzentration in der umgebenden Atmosphäre. Es stellt sich bei Erhitzung des Halbleitermaterials auf 200-600°C infolge von Diffusion innerhalb von Sekunden ein, sodass dann eine konstante Leerstellenkonzentration und damit eine konstante elektrische Leitfähigkeit gegeben ist.

In der Praxis werden die Heizleiter aus Polysilizium oder Platin auf einer Membran gefertigt. Um die Temperatur des Metalloxids genau zu erfassen, wird häufig ein Messfühler mittig auf der Membran integriert, da die Messung über die Heizleiter aufgrund der nicht zu vernachlässigenden Wärmeableitung über den Membranrand ungenau ist.

Zur elektrischen Isolation gegenüber der Struktur zur Messung der Leitfähigkeit folgt eine Siliziumdioxidabscheidung. Darauf wird als Elektrodenmaterial Platin aufgedampft oder aufgesputtert und nasschemisch in erhitztem Königswasser in Form von Interdigitalstrukturen strukturiert.

Es schließt sich die Beschichtung mit dem Metalloxid an. Sowohl HF-Sputtern des Metalloxides als auch reaktives Sputtern in einer sauerstoffhaltigen Atmosphäre eignen sich für die Herstellung der dünnen

Schichten. Pasten der Metalloxidkeramik werden auch eingesetzt, weisen aber den Nachteil der dickeren Beschichtung und damit der geringeren Ansprechgeschwindigkeit auf.

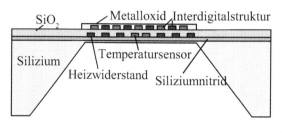 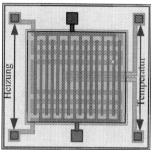

Bild 5.67: Schematischer Querschnitt und Aufsicht eines Metalloxidgassensors mit Zinkoxid als reaktive Beschichtung

Bild 5.67 zeigt schematisch den Querschnitt und die Aufsicht eines Metalloxidgassensors. Mit diesem Aufbau lassen sich Gaskonzentrationen im unteren ppm-Bereich bei Ansprechgeschwindigkeiten im Minutenbereich erfassen. Schnellere Sensoren, die bereits nach wenigen Sekunden reagieren, erfordern hohe Metalloxidtemperaturen, die sich jedoch negativ auf die Lebensdauer des Bauelementes auswirken.

5.10.3 Amalgamsensor

Die Messung der Quecksilberkonzentration in der Umgebungsluft erfordert wegen der vom Gesetzgeber vorgegebenen niedrigen Grenzwerte eine hohe Auflösung des Sensors. Im ländlichen Bereich beträgt die typische Konzentration ca. 2 ng/m^3, in Industriegebieten treten bis zu 20 ng/m^3 Luft auf. Dagegen kann die Belastung in der Nähe von Müllverbrennungsanlagen, Bergwerken, Produktionsstandorten für Batterien oder - als natürliche Quelle für Quecksilber - Vulkanen deutlich größer sein.

Um gesundheitliche Schäden durch Quecksilber zu vermeiden, sollte der MAK-Wert (maximale Arbeitsplatzkonzentration) nicht überschritten werden. Er beträgt in Deutschland 100 $\mu g/m^3$ Luft, in der Schweiz dagegen nur 50 $\mu g/m^3$. Konzentrationen in dieser Größenordnung werden heute vielfach spektroskopisch mit unhandlichen Apparaturen nachgewiesen.

In der Mikrosystemtechnik lässt sich die Eigenschaft der Amalgambildung von Quecksilber für die Konzentrationsmessung nutzen. Quecksilber bildet mit vielen Metallen eine Legierung, die alle als Amalgame bezeichnet werden. Interessant für die Sensorik ist die Legierung mit dem chemisch weitgehend inerten Metall Gold. Reagiert das Gold mit dem Quecksilber zu Amalgam, so ändert sich sein spezifischer Widerstand. Folglich lässt sich die Quecksilberkonzentration im Gold bzw. an der Goldoberfläche, die eine Funktion des Quecksilbergehaltes der Umgebungsluft ist, über den Widerstand eines Goldfilms bestimmen.

Zur Steigerung der Empfindlichkeit dürfen nicht nur die Oberflächenatome des Goldes reagieren. Die gesamte Goldschicht sollte in ein Amalgam umgewandelt werden, somit müssen die Hg-Atome aus der Umgebungsluft in den Goldfilm eindringen können. Dies geschieht durch eine Diffusion des Quecksilbers, die thermisch aktiviert ist. Folglich ist für einen empfindlichen Sensor eine geheizte Goldschicht notwendig. Die erhöhte Temperatur steigert auch die Ansprechgeschwindigkeit des Sensors.

Das vorgestellte Konzept des Sensors ermöglicht nur eine integrale Messung der Quecksilberkonzentration, da der Hg-Gehalt des Goldfilms mit der Zeit kontinuierlich zunimmt. Folglich strebt der Sensor einem Sättigungswert, der einer vollständigen Amalgambildung entspricht, entgegen.

Vermeiden lässt sich diese Sättigung durch einen Regenerationszyklus. Ab 150°C gast das Quecksilber wieder aus dem Goldfilm aus, sodass der Sensor durch die thermische Behandlung wieder in den Ausgangszustand zurückgesetzt werden kann. Die Zeitdauer hängt von der Temperatur ab, sie beträgt z. B. für einen 60 nm dicken Goldfilm bei 200°C ca. eine Stunde. Danach steht der Sensor wieder mit den ursprünglichen Eigenschaften zur Verfügung.

Nach dem Aufbringen und auch während des Betriebs darf die Goldschicht jedoch thermisch nicht zu stark belastet werden, da dünne
Goldfilme zur Agglomeration neigen. Auf dem Oxid zieht sich der Film
bei ungenügender Haftung zu vielen Agglomeraten zusammen und bildet
damit keine durchgehende Schicht mehr, folglich sind die Mess-
widerstände unterbrochen. Außerdem haftet Gold nur schwach auf
Siliziumdioxid. Der Film kann reißen, Teile der Beschichtung können
abplatzen und damit den Sensor zerstören.

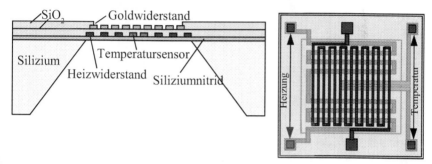

Bild 5.68: Aufbau des Sensors zur Messung der Quecksilberkonzentration in der
Umgebungsluft, links im Querschnitt, rechts die Aufsicht /50/

Den typischen Aufbau eines Quecksilbersensors zeigt Bild 5.68. Auf
einer dünnen Membran zur thermischen Isolation befinden sich sowohl
die Heizleiter als auch ein Widerstandstemperatursensor. Sie sind mit
einer dünnen Siliziumdioxidschicht abgedeckt. Darauf wird der sensitive
Goldfilm aufgesputtert und im Lift-off-Verfahren strukturiert. Da Gold
nur sehr mäßig auf Siliziumdioxid haftet, kann zur Haftungsverbesserung
zuvor eine 1-3 nm starke Titan-, Nickel- oder Chromschicht abgeschiedenen werden. Diese Metalle bilden zwar auch ein Amalgam, beeinflussen die Auflösung des Sensors bei den genannten Schichtdicken aber
nur unwesentlich.

Der im Bild 5.69 gezeigte Sensorchip enthält vier unterschiedliche
Bauformen des Quecksilbersensors nach dem Amalgamprinzip, die in der
Auslegung der Heizleiter und der Gestaltung der aktiven Sensorfläche
von einander abweichen. Sie dienen der Entwicklung eines möglichst
effizienten Sensors, der sowohl eine hohe Empfindlichkeit als auch eine

schnelle Ansprechgeschwindigkeit bei einem hohen Hg-Sättigungswert
aufweist.

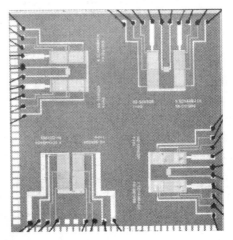

Bild 5.69: Integrierter Quecksilbersensor auf Gold-Amalgam-Basis für ein
mobiles Detektionsgerät

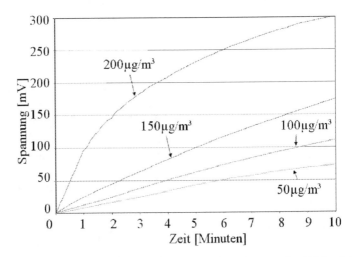

Bild 5.70: Brückenausgangsspannung des Amalgamsensors in Abhängigkeit von
der Zeit der Quecksilberbelastung für unterschiedliche Quecksilberkonzentrationen

Bild 5.70 zeigt den zeitlichen Verlauf der Sensorausgangsspannung für unterschiedliche Quecksilberkonzentrationen. Erwartungsgemäß steigt das Ausgangssignal des Sensors mit wachsender Konzentration. Allerdings besteht ein stark nichtlinearer Zusammenhang, der sich durch den Verlauf der Widerstandsänderung des Goldes bei Einbau von Quecksilber erklären lässt.

Da der Sensor über die Zeit der Hg-Exposition integriert, nehmen der Widerstand des Amalgamfilms und damit die Sensorausgangsspannung kontinuierlich mit der Zeit zu und strebt bei vollständiger Durchdringung des Films gegen einen Sättigungswert. Zur Regeneration ist ein Ausheizen des Goldfilms notwendig. Bei 200°C löst sich das Quecksilber aus dem Film, der Widerstand des Goldfilms sinkt nach einigen Stunden wieder auf den Ausgangswert. Bild 5.71 zeigt die Zeitabhängigkeit des Regenerationsvorganges.

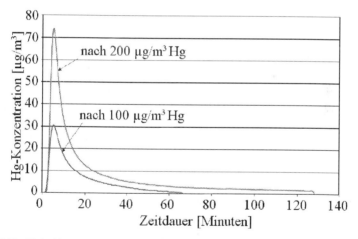

Bild 5.71: Zeitabhängigkeit des Regenerationsvorganges durch Ausheizen des Goldfilms bei 200°C

5.11 Neigungssensoren

Mikrosystemtechnische Neigungssensoren gibt es als flüssigkeitsgefüllte Impedanzsensoren oder als thermische Konvektionssensoren. Beide Bau-

formen lassen eine empfindliche Messung von Neigungswinkeln gegenüber der Horizontalen zu.

Der Impedanzsensor besteht aus einer Kammer mit zwei oder vier Paaren
an Bodenelektroden, die mit einer elektrisch leitenden Flüssigkeit gefüllt
ist. In der Horizontalen bedeckt die Flüssigkeit alle Elektroden gleichmäßig, d. h. bei Anlegen einer Wechselspannung herrscht an allen Elek-
trodenpaaren die gleiche Impedanz. Eine Neigung des Sensors führt
dagegen zu unterschiedlichen Bedeckungsgraden der Elektroden, sodass
sich die Impedanzen gegenüberliegender Elektroden gegenläufig ändern.

Zwar ließe sich der Sensor auch bei Gleichspannungsbetrieb über die
Widerstandsänderung zwischen den Elektroden auslesen, jedoch würde
die einsetzende Elektrolyse zu kontinuierlichen Parameterverschiebungen infolge von Kontaktpotenzialänderungen führen und langfristig
die Elektroden bzw. den Elektrolyten zersetzen. Bild 5.72 zeigt den
Aufbau eines Neigungssensors als hybrides Element.

Das Bauteil erreicht eine Auflösung von 0,001° in einem Winkelmess-
bereich von -25° bis +25°. Die Ansprechgeschwindigkeit liegt bei 0,5 s,
der zulässige Temperaturbereich reicht von -40°C bis 105°C.

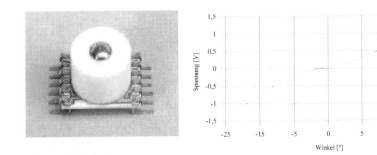

Bild 5.72: Foto und Kennlinie eines hybrid aufgebauten Neigungssensors der Fa.
HL-Planartechnik, Dortmund /51/

Das integrierte Bauelement besteht aus einem isolierenden Träger als
Substrat, der die Verdrahtungsebene als aufgedampfte und strukturierte
Edelmetallschicht enthält. Darauf wird ein Pyrexglasgitter als Speicher
für den Elektrolyten aufgebondet.

Nach dem gleichmäßigen Einfüllen des Elektrolyten in sämtliche Kammern auf dem Substrat folgt das Verschließen des Speichers mit einer Glasabdeckung. Diese muss aufgeklebt werden, da der Elektrolyt die zum anodischen Bonden erforderliche Temperatur nicht verträgt.

Der Vorteil der integrierten Bauform gegenüber dem hybriden Element liegt in ihrer Eignung zur Massenfertigung auf Scheiben- oder Batch-Ebene. Sie ermöglicht damit große Stückzahlen zu günstigen Kosten.

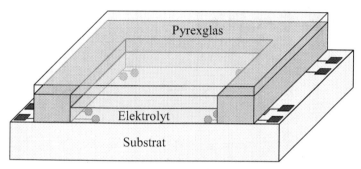

Bild 5.73: Integrierter flüssigkeitsgefüllter Neigungssensor mit gebondeter Pyrexglaskammer

Der Neigungssensor auf der Basis der Konvektionsströmung besteht aus zwei bzw. vier unabhängigen Temperatursensoren, die symmetrisch um einen Heizwiderstand angeordnet sind. Die elektrische Verlustleistung des Widerstandes erwärmt die umgebende Luft, die aufgrund der Volumenzunahme entgegen der Gravitationskraft nach oben steigt.

In horizontaler Ausrichtung des Bauelementes werden die in identischem Abstand zum Heizwiderstand angeordneten Temperatursensoren gleichermaßen von der aufsteigenden Luft erwärmt. Ist die Sensorebene dagegen zur Horizontalen geneigt, so tritt ein Temperaturunterschied an den einander gegenüberliegenden Temperatursensoren auf; die Differenz ist ein Maß für die Neigung. In Bild 5.74 sind ein Foto eines Konvektionssensors zur Neigungserfassung in zwei Raumrichtungen sowie das Funktionsprinzip des Sensors schematisch dargestellt.

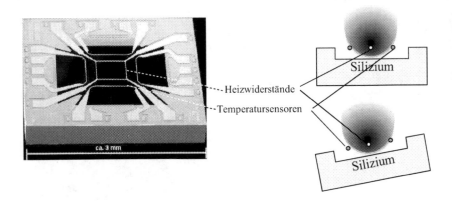

Heizwiderstände
Temperatursensoren
Silizium
Silizium

Bild 5.74: Neigungssensor nach dem Konvektionswärmeprinzip: links ein Foto des Bauelementes, rechts das Funktionsprinzip /52/

Der Konvektionsneigungssensor erreicht eine Auflösung von 0,007° bei einer Toleranz von 0,1° /53/. Die Ansprechgeschwindigkeit beträgt, je nach Gasfüllung, zwischen 300 ms für Luft und 600 ms für SF_6.

5.12 OFW-Strukturen

An der Oberfläche piezoelektrischer Substrate (z. B. Quarz, $LiNbO_3$) lassen sich über den piezoelektrischen Effekt per Hochfrequenzeinspeisung in eine Interdigitalstruktur akustische Wellen anregen, die in einer zweiten Interdigitalstruktur durch Umkehrung des Effektes wieder ein elektrisches Signal erzeugen können. Dieses Verhalten wird in der Hochfrequenztechnik zur Realisierung scharfbandiger Filter ausgenutzt, denn der Abstand der Finger der Interdigitalstrukturen bestimmt die Resonanzfrequenz für eine dämpfungsarme Wellenausbreitung im piezoelektrischen Substrat.

Da die Ausbreitungsgeschwindigkeit der akustischen Welle von der Dichte des Substrats abhängt, die Dichte aber durch Umweltgrößen beeinflusst werden kann, lässt sich das Filterbauelement auch als Sensor nutzen. Je nach Substrat und Oberflächenbeschichtung können unter

anderem Temperatur, Druck, Feldstärke, Gas- oder Feuchtekonzen-
trationen in gasförmigen oder flüssigen Medien bestimmt werden. Dabei
liefert der Oberflächenwellensensor (OFW, engl. SAW, surface acoustic
wave) als Ausgangssignal eine Verschiebung der Resonanzfrequenz in
Abhängigkeit von der Messgröße. Bild 5.75 zeigt die typischen Bauformen für Oberflächenwellensensoren als Verzögerungsleitung bzw. als
Resonatorstruktur.

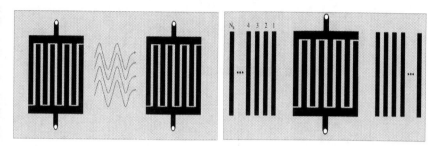

Bild 5.75: Oberflächenwellensensoren, links als Verzögerungsleitung, rechts als
Resonatorstruktur mit seitlichen Reflektoren für die akustischen
Wellen

Die Verzögerungsleitung besteht aus zwei einander gegenüber liegenden
Interdigitalstrukturen auf dem piezoelektrischen Substrat. Eine Struktur
mit dem Fingerabstand p generiert beim Anlegen einer Wechselspannung
der Frequenz f aufgrund des inversen piezoelektrischen Effekts periodi-
sche mechanische Verzerrung mit der räumlichen Periode $2p$ und der
zeitlichen Periode $1/f$. An jedem einzelnen Fingerpaar entstehen Partial-
wellen, die sich mit der Geschwindigkeit v ausbreiten und konstruktiv
interferieren, falls die Laufzeit zwischen benachbarten Fingerpaaren im
Abstand $2p$ gerade der Periodendauer der Wechselspannung oder ihren
ungeradzahligen Vielfachen entspricht:

$$\lambda = \frac{v}{f} = 2\,p \qquad (5.8)$$

Bei dieser Wellenlänge, die der Resonanzfrequenz entspricht, wird die
eingespeiste Energie am effizientesten in eine mechanische Welle
umgewandelt. Die zweite Interdigitalstruktur wandelt die Oberflächen-

welle nach Durchlaufen des Zwischenraums über den piezoelektrischen
Effekt zurück in ein elektrisches Signal.

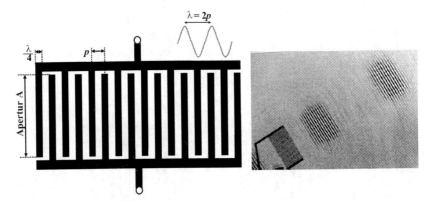

Bild 5.76: Interdigitalstruktur und Foto von sich ausbreitenden Raleigh-Wellenpaketen /54/

Dagegen nutzt die Resonatorbauform nur eine einzige Interdigitalstruktur
in Verbindung mit Wellenreflektoren. Die angeregte Oberflächenwelle
trifft auf die Reflektoren, sodass die sich ausbreitende Welle zurückgestreut wird und erneut den Bereich der Interdigitalstruktur durchläuft.
Im Resonanzfall überlagern sich die Anregung und die reflektierte Welle,
es entsteht eine Resonanz.

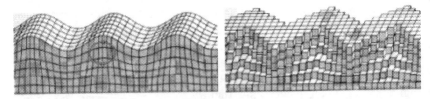

Bild 5.77: Die Rayleighwelle (links) strahlt Energie in das umgebende Medium
ab, die Love-Welle (rechts) dagegen führt eine Scherbewegung in der
Ebene aus

Die über das elektrische Wechselsignal angeregte Oberflächenwelle
breitet sich im homogen piezoelektrischen Substrat als Rayleigh-Welle

mit einer Amplitude senkrecht zur Oberfläche aus (Bild 5.77). In gas-
förmiger Umgebung führt dies zu einer Dämpfung der akustischen Welle,
in flüssigen Medien gibt die Welle ihre Energie direkt an die Flüssigkeit
ab und kann sich damit nicht mehr ausbreiten.

Wird die Oberfläche des piezoelektrischen Kristalls mit einem Film
geringerer Dichte abgedeckt, breitet sich die Schwingung in Form einer
Love-Welle aus. Es treten infolge der Bewegung in der Ebene keine
Abstrahlungsverluste auf, sodass sich selbst in flüssigen Medien nur
schwache Dämpfungsverluste durch Reibung ergeben. Damit erfüllt die
Love-Welle die Voraussetzungen zur Erfassung von Messgrößen in
Gasen und Flüssigkeiten.

Die Integration eines Oberflächenwellensensors erfordert nur wenige
Prozessschritte. Ausgehend vom piezoelektrischen Substrat, z. B. Quarz,
erfolgt eine Metallisierung mit Aluminium in einer Dicke von 200-
300 nm. Damit diese gut auf dem Untergrund haftet, kann zuvor eine
dünne Titanschicht aufgesputtert werden. Anschließend legt eine
Fotolithografietechnik die Form der Metallstruktur fest, deren Ätzung im
Trockenätzverfahren erfolgt.

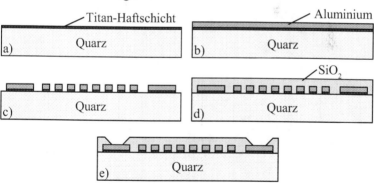

Bild 5.78: Prozessablauf zur Integration der Oberflächenwellensensoren

Für die Anregung der Love-Welle kann ein PECVD-Oxid aufgebracht
werden, dessen Dicke in Abhängigkeit von der gewählten Frequenz im
Bereich von 1-5 µm liegt. Nach dem Öffnen der elektrischen Anschlüsse
steht der Oberflächenwellensensor zur Verfügung. Bild 5.78 zeigt
schematisch den Prozessablauf.

Ein Beispiel für eine Anwendung dieses Sensors ist die drahtlose Messung der Temperatur eines Objektes. Der Sensor arbeitet dabei als Funk-Transponder, der keinerlei zusätzliche Energie benötigt. Dazu nimmt eine Antenne das Funksignal auf, speist es in die Interdigital-struktur ein, die dann eine Oberflächenwelle generiert. Die Welle generiert ihrerseits wieder ein elektrisches Signal mit der Frequenz der Resonanz, das über die Antenne zurück gesendet wird. Durch Bestimmung der Resonanzfrequenz lässt sich auf die Temperatur des Sensors bzw. des Objektes, auf dem der Sensor befestigt ist, schließen.

Eine weitere Anwendung ist die Messung der relativen Feuchte der Luft. Da sich an der Oberfläche des SiO_2-Films Feuchte anlagert, ändert sich in Abhängigkeit von der Luftfeuchtigkeit die Resonanzfrequenz des Sensors. Bild 5.79 zeigt Beispiele für die Feuchtemessung mit einem Oberflächenwellensensor.

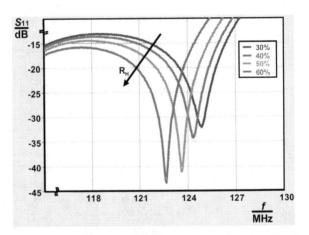

Bild 5.79: Frequenzabhängigkeit des Streuparameters S_{11} als Maß für die in den Sensor eingekoppelte Leistung, aufgezeichnet zur Bestimmung der Sensorresonanzfrequenz bei unterschiedlichen relativen Luftfeuchtig-keiten

Die Auswertung des Sensorsignals ist relativ aufwändig, weil das von der Oberflächenwelle generierte elektrische Signal sehr schwach ist und eine erhebliche Verstärkung (> 120 dB) erfordert. Sowohl Laufzeitmessungen als auch eine Auswertung der Resonanzverschiebung sind als Messsignal auswertbar.

6 Hybride Systeme

Im Gegensatz zu den monolithisch integrierten Mikrosystemen bestehen die hybriden Systeme aus mehreren, in ihrer jeweiligen Technologie unabhängig voneinander gefertigten Komponenten. Dabei können durchaus unterschiedliche Halbleitermaterialien entsprechend ihrer jeweiligen Vorzüge zum Einsatz kommen.

Die Einzelelemente werden nach ihrem Funktionstest auf einem Trägersubstrat zum Mikrosystem verschaltet. Folglich fällt nicht mehr der Prozessführung zur optimalen Integration sämtlicher Komponenten die dominante Rolle zu, sondern der Aufbau- und Verbindungstechnik zur Montage, Justage und elektrischen Kontaktierung der individuell hergestellten Einzelkomponenten. Insbesondere die Zuverlässigkeit der elektrischen Kontakte und Verbindungen steht im Vordergrund, denn sie gelten als Hauptausfallursache in der Systemintegration.

6.1 Systemträger

Die einzelnen Systemkomponenten werden häufig direkt auf Aluminiumkeramiken oder Platinen aufgeklebt, die als Träger des Systems bereits vorstrukturierte Leiterbahnen als Verdrahtung bzw. für den Datentransfer zwischen den Elementen enthalten. Parallel dazu muss über den Träger die Verlustleistung der Bauelemente abgeführt werden können, sodass eine hohe Wärmeleitfähigkeit erforderlich ist.

Besonders geeignet sind Keramiksubstrate auf Aluminiumoxid- oder Aluminiumnitridbasis. Diese werden in Dickschichttechnik per Siebdruck wiederholt mit Leiterbahnen und Isolationsschichten bedruckt, die nach dem Trocknen im Ofenprozess durch Brennen aushärten. Als Leiterbahnen dienen Metallpartikel, die mit Lösungsmittel und Glaspulver versetzt sind. Widerstände werden als Widerstandspasten, die weniger metallische Bestandteile enthalten, aufgedruckt. Für hochohmige

Widerstände lassen sich auch Metalloxidpasten aufdrucken. Die dielektrischen Schichten bestehen aus Glasloten bzw. gelösten Siloxenen, die unter Temperatureinwirkung aushärten.

Notwendige externe Bauelemente - Widerstände, Kondensatoren, Transistoren oder ICs - lassen sich als SMD-Bauteile auflöten. Zu diesen zählen auch die mikromechanischen Komponenten.

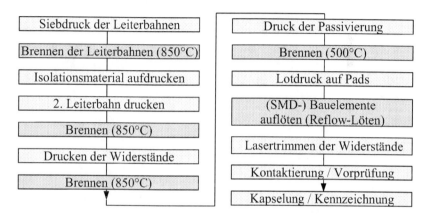

Bild 6.1: Prozessablauf zur Herstellung einer Dickschichtschaltung

In Dünnschichtschaltungen werden die Leiterbahnen - vergleichbar zur Planartechnik in der Halbleitertechnologie - über Fotolithografie- und Ätztechnik definiert. Kondensatoren mit vergleichsweise hoher Kapazität können durch Abscheidung von Dielektrika bereits auf der Schichtschaltung erzeugt werden, sodass nur sehr wenige externe Bauelemente erforderlich sind. Jedoch sind Dünnschichtschaltungen teurer, da die Lithografie besonders glatte Substratoberflächen erfordert.

Bei geringer Verlustleistung der Systemkomponenten ist auch eine direkte Montage der Chips auf einer herkömmlichen Pertinax-Platine möglich. Insbesondere der Kostenfaktor führt zunehmend zu dieser Form der Direktmontage auf Platinematerialien.

6.2 Chipbefestigung

Zur Befestigung der Chips auf den Trägern stehen die Klebetechnik, das Löten, die Legierung und das Anglasen als Verfahren zur Verfügung. Dabei nimmt die Klebetechnik mit ca. 99% aller befestigten Chips die bedeutendste Rolle ein.

Eingesetzt werden ein- oder zweikomponentige Epoxydharzkleber, die zur elektrischen und thermischen Leitfähigkeitserhöhung zu ca. 80% mit Silber gefüllt sind. Diese werden in einer Dicke von etwa 25 µm durch Tampondruck oder Stempeln auf den Systemträger aufgebracht, bevor der Chip per „pick and place" mit einem „Die-Bonder" auf 25 µm genau positioniert und angedrückt wird. Anschließend härtet der Kleber bei erhöhter Temperatur aus.

Die Temperaturabhängigkeit der Aushärtezeit ist in Bild 6.2 dargestellt. Hohe Temperaturen bewirken eine schnelle Härtung und führen zu sehr starrer Befestigung, beim langsamen Härten um 50-80°C dagegen bleibt der Kleber elastisch.

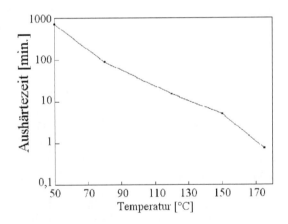

Bild 6.2: Abhängigkeit der Härtezeit eines Zweikomponenten-Epoxydharzklebers von der Temperatur

Das Auflöten der Chips auf einen Systemträger erfordert nur moderate Temperaturen um 180 - 220°C, allerdings muss die Rückseite des Siliziums mit einer lötfähigen Metallisierung versehen sein. Geeignet sind Nickel-, Silber- oder Goldschichten, die auf kupferne oder vergoldete Systemträger gelötet werden. Die Verbindung vom Chip über das Lot zum Systemträger ist niederohmig und thermisch gut leitend, auch mechanische Spannungen zwischen den Materialien können vom Lot aufgenommen werden.

Das Legierungsverfahren nutzt die relativ niedrige Schmelztemperatur von ca. 370°C im Eutektikum der Verbindungspartner Gold und Silizium. Durch Druck und Temperatureinwirkung legiert das Silizium mit einem vergoldeten Systemträger und bildet eine feste Verbindung aus. Sie zeichnet sich durch eine hohe Wärmeleitfähigkeit und einen niederohmigen Kontaktwiderstand aus, ist aber gleichzeitig extrem starr. Mechanische Spannungen infolge thermischer Wechselbelastungen übertragen sich auf den Chip und können im Extremfall zum Bruch des Siliziumkristalls führen.

Zum Anglasen der Chips auf dem Systemträger, aber auch zur Verbindung zweier Chips, wird die Bondfläche mit Glaslot beschichtet. Glaslot besteht aus einer Lösungsmittel enthaltenden Glaspulversuspension, die aufgedruckt oder auch ganzflächig aufgeschleudert werden kann. Durch Erhitzen auf ca. 450°C schmilzt das Glaslot auf und bildet eine gasdichte Verbindung zwischen den Werkstoffen. Um eine elektrische Leitfähigkeit zu erreichen, lassen sich die Suspensionen mit feinkörnigem Silber- oder Nickelpulver versetzen. Insgesamt ist die thermische Belastung allerdings für viele Anwendungen zu hoch.

6.3 Einzeldraht-Bonden

Die Bondverfahren lassen sich in Thermokompressions- und Ultraschallbonden unterteilen, wobei auch eine Kombination beider Techniken zum Thermosonic-Bonden gebräuchlich ist. Dabei werden Gold- oder Aluminiumverbindungen seriell Draht für Draht vom Chip zum Anschluss auf dem Systemträger gezogen. Die Kontakte zwischen dem Pad und dem Bonddraht bzw. dem Bonddraht und dem Systemträger entstehen als Mikroschweißverbindungen durch Ultraschallreibung, Druck- und Temperatureinwirkung.

6.3.1 Thermokompressionsverfahren

Das Thermokompressionsverfahren nutzt eine radialsymmetrische Bondkapillare aus z. B. Wolframkarbid, durch deren zentrale Bohrung der
Bonddraht aus Gold geführt wird. Durch Aufschmelzen des aus der
Kapillare ragenden Drahtendes über eine Kondensatorentladung entsteht
infolge der Oberflächenspannung des flüssigen Goldes eine Kugel, die
als erste Bondverbindung in der Regel auf das Kontaktpad des Chips
gedrückt wird. Der Bondvorgang benötigt neben dem Druck auch
thermische Energie, die einerseits über das geheizte Bondwerkzeug,
andererseits auch über den gemeinsam mit dem gesamten Systemträger
erhitzten Chip zugeführt wird.

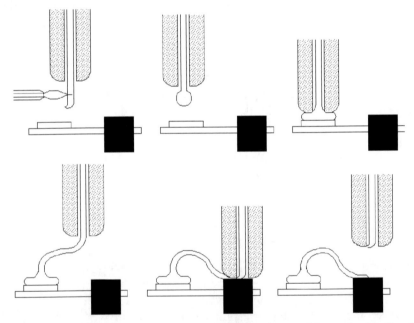

Bild 6.3: Kontaktieren nach dem Thermokompressionsverfahren: a) + b) Kugel-
erzeugung, c) Bond mit Nailhead, d) + e) Loop und e) Stitch-Verbin-
dung mit Abquetschen des Bonddrahtes

Der Golddraht verbindet sich mit dem Aluminiumpad durch Ausbildung einer Au-Al-Legierung; die Kugel verformt sich während des Bonds infolge des Druckes zum Nagelkopf („Nailhead"). Damit ist der chipseitige Kontakt fertig gestellt. Um den Draht nicht direkt über dem Nagelkopf abzuknicken, wird das Bondwerkzeug in einem Bogen („Loop") zum zweiten Anschluss auf dem Systemträger geführt und dort erneut angepresst. Dabei verformt die Bondkapillare den Draht zum „Stitch" oder „Wedge", durch Druck und Temperatur entsteht eine zweite Schweißverbindung. Gleichzeitig bildet sich unterhalb der Bondkapillare eine starke Einschnürung im Draht als Sollbruchstelle. An dieser Schwachstelle reißt der Bonddraht beim Abheben des Bondwerkzeuges, es beginnt ein neuer Kontaktierzyklus.

Tabelle 6.1: Daten des Thermokompressionsverfahrens

Temperatur:	ca. 350°C
Drahtstärke:	ca. 15 - 50 μm
Kontaktierungsdauer:	ca. 60 ms
Loop-Länge:	0,8 - 2 mm
Materialien:	Au-Bonddraht
	Al- oder Au-Pads
	Au- oder Cu-Substrate
Pads:	100 μm · 100 μm
Abstand Pad - Pad:	100-200 μm

 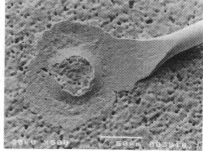

Bild 6.4: REM-Aufnahme einer Thermokompressionsverbindung mit Nailhead (links) und Stitch (rechts)

Da das Bondwerkzeug radialsymmetrisch ausgelegt ist, lässt sich das Bondwerkzeug nach dem ersten Bond in beliebiger Richtung bewegen. Folglich ist eine Drehung des Chips im Verlauf der Herstellung der Verbindungen nicht erforderlich. Wesentlich für die Langzeitstabilität der Kontakte auf dem Chip ist eine präzise Temperatureinstellung für das Bondwerkzeug, damit die spröde Gold/Aluminium-Legierung Al_2Au, wegen ihrer Farbe Purpurpest genannt, nicht entsteht. Sie führt schon bei geringer mechanischer Belastung zum Bruch des Drahtes.

6.3.2 Ultraschallbonden

Das Ultraschall- oder Wedge-Bonden ist ein Reibungsschweißverfahren ohne zusätzliche Wärmezufuhr über das Bondwerkzeug oder durch den Systemträger, folglich tritt keine thermische Belastung des Chips während des Bondens auf. Die Verbindungspartner werden über eine Bondnadel, die mit einer Frequenz im Ultraschallbereich bei Auslenkungen um 2 µm schwingt, parallel zueinander gerieben und dabei aufeinander gedrückt. Reibungswärme und Druck erzeugen eine Mikroverschweißung im Kontaktbereich. Diese Methode eignet sich für Gold/Gold-, Gold/Aluminium- und Aluminium/Aluminium-Verbindungen. Dabei ist der Aluminiumdraht mit Gold, Kupfer oder Silber dotiert ist, um höhere elektrische Belastungen zu ermöglichen und gleichzeitig die Elastizität und Biegefestigkeit zu verbessern.

Das Ultraschallbonden nutzt eine Nadel, die mit einer Nase und einer Drahtführungskapillare versehen ist, als Werkzeug. Zum ersten Bond drückt die Nase den Draht auf das Anschlusspad der Schaltung. Durch die Reibung infolge der Ultraschallschwingung der Bondnadel platzt das Oberflächenoxid des Aluminiums sowohl am Pad als auch auf dem Draht auf, und es bildet sich eine Mikroverschweißung. Während das Werkzeug abgehoben und weitergeführt wird, läuft der Bonddraht frei durch die Führungskapillare, so dass nur eine sehr gering Zugbelastung an der Verbindung auftritt.

Auf dem Außenkontakt drückt das Bondwerkzeug den Draht erneut an und stellt durch Ultraschallreibung die zweite Mikroverschweißung her. Beim Abheben des Werkzeuges wird der Draht hier jedoch nicht freige-

geben, folglich reißt er an einer Sollbruchstelle direkt hinter der Bondverbindung ab. Der Bondvorgang schließt mit einem Drahtvorschub
unter die aktive Nasenfläche des Werkzeugs.

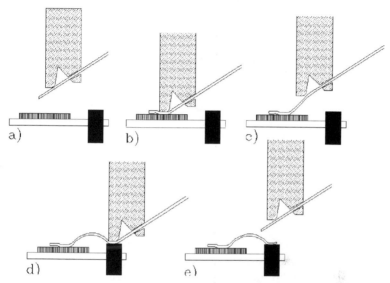

Bild 6.5: Kontaktieren mit dem Ultraschall-Verfahren: a) Justieren des Werkzeugs, b) erster Bond durch Reibungsschweißen, c) Loop mit
freilaufendem Draht, d) zweiter Bond, e) Abreißen des Drahts mit
anschließendem Vorschub des Drahtendes unter das Werkzeug

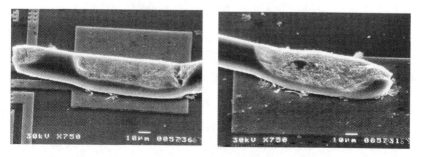

Bild 6.6: REM-Aufnahme von Ultraschallverbindungen, links 1. Bond als
Anfang des Loops, rechts 2. Bond am Loopende

Die benötigte minimale Padfläche zur Herstellung eines Drahtan-
schlusses ist aufgrund des kleineren Bondwerkzeuges im Vergleich zum
Thermokompressionsverfahren geringer, auch der Abstand zwischen den
einzelnen Anschlüssen auf dem Chip kann niedriger ausgelegt werden.

Tabelle 6.2: Daten des Ultraschallbondverfahrens

Schwingungsamplitude:	1 - 2 μm
Drahtstärke:	ca. 15 - 200 μm
Kontaktierungsdauer:	5 - 60 ms
Loop-Länge:	0,5 - 4 mm
Materialien:	Al- oder Au-Bonddraht
	auf Al- oder Au-Pads
	Au-, Ni-, Cu- oder Al-Substrate
Pads:	70 μm · 70 μm
	- 100 μm x 100 μm
Abstand Pad - Pad:	60 - 140 μm

Jedoch ist durch den ersten Bond die Bewegungsrichtung des Werkzeugs
bzw. die Ausrichtung des zweiten Bonds vorgegeben. Damit ist für eine
allseitige Chipkontaktierung eine Drehung und eine Positionierung des
Systemträgers zum Bondwerkzeug erforderlich; diese Justierzeit verlängert die benötigte Zeit zur Herstellung einer kompletten Bondverbindung erheblich und reduziert den Durchsatz beim Ultraschallbonden
im Vergleich zum Thermokompressionsverfahren.

6.3.3 Thermosonic-Verfahren

Das Thermosonic-Verfahren ist eine Kombination der beiden zuvor genannten Verfahren, indem es eine richtungsunabhängige schnelle Kontaktierung bei geringer thermischer Belastung des Substrats ermöglicht.
Die benötigte Schweißenergie zur Herstellung der elektrischen Verbindungen wird durch externe Wärmezufuhr über den Substrathalter und das
Bondwerkzeug sowie durch Ultraschall eingebracht.

Aufgrund der reduzierten Substrattemperatur von 100 - 200°C ist das
Verfahren für die Chipkontaktierung auf temperaturempfindlichen Sub-

straten wie Leiterplatten geeignet, auch lassen sich mit Epoxydharz eingeklebte Chips mit dem Thermosonic-Verfahren verdrahten. Die benötigte Fläche und die Form der Bondverbindungen entsprechen den Werten des Thermokompressionsverfahrens. Als Bonddraht verwendet man hier Au-Draht, der auf die Substratanschlüsse aus Au, Ag, Al, Ni oder Cu aufgebracht wird.

6.4 Komplettkontaktierung

Im Gegensatz zu den seriellen und somit zeitintensiven Einzeldrahtverfahren werden bei der Komplettkontaktierung sämtliche Verbindungen zwischen dem Gehäuse und dem Chip in nur zwei Bondschritten oder sogar in nur einem Temperaturschritt hergestellt. Dazu sind spezielle Verbindungsstrukturen anstelle der Bonddrähte erforderlich, deren Aufbau vom jeweiligen Verfahren abhängt. Voraussetzung ist das gleichmäßige Aufbringen von Loten mit geringer Schmelztemperatur auf den Kontakt- bzw. Anschlussflächen.

6.4.1 Spider-Kontaktierung

Beim Spider-Kontaktierverfahren werden alle Anschlüsse des Chips gleichzeitig mit einer vorgefertigten metallischen Feinstruktur („Spider") in einem Bond- oder Lötprozess verbunden. Die Form des Spiders muss der Padanordnung auf der Schaltungsoberfläche entsprechen, so dass aufgrund der Lage der Anschlussfinger des Spiders nur die Kontaktierung einer Schaltungsbauform möglich ist.

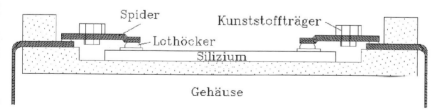

Bild 6.7: Prinzip der Spider-Kontaktierung mit Lötverbindung

Die Spider-Kontaktierung erfordert spezielle Bondhöcker - entweder auf den Anschlusspads der Schaltungen oder auf der vorgefertigten Spider-struktur -, um den Höhenunterschied zwischen der Aluminiumoberfläche und den Anschlussfingern zu überbrücken (Bild 6.7). Für die Lötkon-taktierung können diese auf dem Chip aus niederschmelzendem Lot (AgSn, PbSn) oder bei Anwendung der Thermokompressionstechnik aus Kupfer mit einer Golddeckschicht bestehen. Um auf dem Aluminiumpad eine gute Haftung zu gewährleisten, werden Zwischenschichten aus Titan oder Chrom eingesetzt, die mit Kupfer oder Palladium als Diffusions-sperre abgedeckt werden.

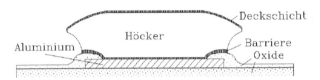

Bild 6.8: Schematischer Aufbau eines chipseitigen Anschlusshöckers für die Spider-Kontaktierung

Der Spider besteht aus Kupfer, das an den Bondflächen mit Lot beschichtet oder vergoldet ist. Die Bauformen unterscheiden sich in ein- oder mehrlagige Spider. Der einlagige Spider ist eine Ganzmetallstruktur, die aus einem Kupferband von ca. 35 µm Dicke geätzt wird. Als Maskierung dient Fotolack, der beidseitig auf das Metallband aufge-bracht und mit der Feinstruktur belichtet wird. Im nasschemischen Ätzschritt entstehen die Spiderstrukturen, die nach dem Entlacken vergoldet oder mit Lot beschichtet werden.

Der mehrlagige Spider nutzt ein Kunststoffband als Träger für die metallische Feinstruktur. Zunächst wird das Band mit Metall bedampft, um eine elektrisch leitfähige Schicht zur Galvanik zu erzeugen. Darauf folgt die Belackung der Metallschicht. Der Fotolack wird mit dem Negativ der Spiderstruktur belichtet, so dass in den Bereichen der Kontaktfinger die Metallschicht freiliegt. Diese wird an den offenen Stellen galvanisch verstärkt.

Nach dem Ablösen des Lackes lässt sich die Startschicht nasschemisch durchätzen und die Kunststoffträgerschicht mit einem Trockenätzverfahren strukturieren. Die Oberflächenvergütung mit Gold erfolgt erneut galvanisch.

Unabhängig von der Herstellungstechnik liegen die Spider in Bandform aneinander gekettet auf einer Rolle vor. Diese werden den Bondautomaten zur Innen- und Außenkontaktierung zugeführt. Infolge dessen nennt sich dieses Verfahren auch TAB („Tape Automated Bonding").

Zur Herstellung der elektrischen Kontakte vom Chip zum Gehäuse wird der Spider zunächst innen über die Anschlusshöcker mit den Pads der Schaltung verbunden. Dazu drückt ein beheizter Stempel gleichzeitig alle Anschlussfinger des Spiders auf die Pads. Für eine Thermokompressionsverbindung beträgt die Stempeltemperatur ca. 550°C, für die Lötverbindung ca. 300°C. Diese recht hohen Temperaturen sind tolerierbar, da aufgrund der Kürze des Bondvorganges von 300 ms bis zu 1 s nur ein geringer Wärmeübertrag stattfindet.

Wesentlichen Einfluss auf die Bondqualität hat dabei die Gleichmäßigkeit der Höcker, denn unterschiedliche Höckerhöhen bewirken lokal unterschiedlich hohe Druckbelastungen auf dem Chip und können zur Kristallschädigung bis hin zum Bruch führen.

Nach dem Innenbond sind Chip und Spider fest miteinander verbunden, wobei der Spider weiterhin in Bandform vorliegt. In einem zweiten Bondvorgang erfolgt die Außenkontaktierung zum Gehäuse oder zur Schichtschaltung bzw. Platine. Als Werkzeug dient ein Hohlstempel, der den Spider mit dem Chip zunächst aus dem Metallband herausstanzt und anschließend die Außenanschlüsse des Spiders auf die Bondflächen des Substrates drückt. Die Verbindung erfolgt erneut durch Thermokompression oder durch eine Lötung. Danach steht eine vollständig kontaktierte Schaltung zur Verfügung.

Das Spiderverfahren ist ein Ersatz für die zeitintensive Einzelverdrahtungstechnik. Es ermöglicht eine besonders flache Kontaktierung, z.B. für Scheckkartenrechner, in Telefonkarten oder Uhrenschaltungen. Das Verfahren eignet sich wegen der schaltungsspezifischen Spidergeometrien nur bei einer Produktion in großen Stückzahlen in Verbindung mit einer hohen Anschlusszahl je Chip.

6.4.2 Flipchip-Kontaktierung

Die Flipchip-Kontaktierung erfordert ein vorgefertigtes, gespiegelt zur Padanordnung des Chips angeordnetes Anschlussraster auf dem System-träger bzw. der Schichtschaltung. Zur Kontaktierung wird der zuvor mit Lothöckern versehene Chip mit der Schaltungsseite auf die vorgefertig-ten Kontakte des Substrates aufgelötet. Entsprechend bezeichnet man dieses Verfahren auch als „Face-Down-Bonding".

Im Gegensatz zu den bisher genannten Kontaktierungsverfahren entsteht nur eine Lötverbindung je Kontakt zwischen dem Chip und den elek-trischen Anschlüssen des Systemträgers; zusätzliche Draht- oder Kupfer-strukturen sind nicht erforderlich. Der Flächenbedarf ist äußerst gering; er entspricht der Schaltungsgröße, da sich sämtliche Verbindungen direkt unterhalb des Chips befinden.

Das Verfahren erfordert deutlich höhere Höcker als die Spiderkontak-tierung, so dass eine direkte galvanische Beschichtung der Pads aus-scheidet. Zur Erzeugung der Höcker in einer Höhe von 30 - 80 µm wird bereits vor der Vereinzelung der Scheiben in Chips die Technik der „umgeschmolzenen Lothöcker" eingesetzt, die durch Ausnutzung der Oberflächenspannung einer aufgeschmolzenen Lotschicht unter Agglo-meration zur Ausbildung von gleichmäßigen hohen Strukturen führt.

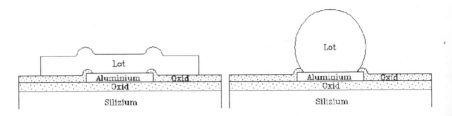

Bild 6.9: Umschmelzen eines Lothöckers durch Agglomeration einer großflächig um das Pad aufgebrachten Beschichtung zur Bondkugel

Die Anschlussflecken werden bei diesem Vorgang deutlich überlappend zur Oberflächenpassivierung aus Glas mit dem PbSn- oder InPb-Lot beschichtet. Durch Erwärmen schmilzt das Lot auf. Es kann jedoch keine Verbindung mit der Glasoberfläche eingehen, so dass es sich aufgrund seiner Oberflächenspannung vom Glas zurückzieht und eine Kugel bildet. Dabei entstehen die erforderlichen Höcker in einer Höhe, die deutlich oberhalb der abgeschiedenen Schichtdicke liegt.

Zur Kontaktierung wird der mit Lothöckern beschichtete Chip mit Flussmittel benetzt und auf die im Anschlussraster der Schaltung angeordneten Kontaktflecken des Substrates gelegt. Bei etwa 335°C entsteht im Durchlaufofen unter Stickstoffatmosphäre eine Lötverbindung zwischen Substrat, Höcker und Chip.

Bild 6.10: Schema einer Flipchip-Verbindung

Um ein Verlaufen des Lotes über die gesamten Anschlussfinger zu vermeiden, befindet sich ein Glasdamm zur Begrenzung der Lötfläche auf dem Metall. Die Höcker schmelzen auf und benetzen die Metalloberfläche des Substrates. Dabei entsteht eine Oberflächenspannung, die den auf dem Lot schwimmenden Chip exakt zum Anschlussraster des Substrates positioniert. Die Kontaktierung ist somit selbstjustierend.

Die Größe der Kontaktflächen beträgt minimal ca. 50 μm · 50 μm. Im Gegensatz zu den bisher behandelten Verdrahtungstechniken dürfen die Pads der Schaltungen nicht nur am Rand des Chips angeordnet sein, sie können sich auch mitten in der Schaltung befinden. Mechanische Spannungen werden weitestgehend vom Lot aufgenommen, so dass Rissbildungen nicht auftreten können.

Die Flipchip-Montage stellt die kürzeste Verbindung zwischen den Chipanschlüssen und dem Substrat dar. Sie nutzt nur eine Lötverbindung je Anschluss und benötigt die geringste Fläche.

Ein gravierender Nachteil der Flipchip-Montagetechnik ist die geringe thermische Kopplung zur Wärmeableitung: die Verlustleistung der Schaltung muss vollständig über die Lotverbindungen an das Substrat abgeführt werden, da die Rückseite keine Verbindung zu Kühlflächen besitzt. Möglich ist das Aufkleben eines zusätzlichen Kühlkörpers; dies führt aber zu einem erhöhten Platzbedarf, so dass ein Vorteil der Flipchip-Montagetechnik entfällt.

6.4.3 Chip-Size Packages

Zur raumsparenden Kapselung einer integrierten Schaltung oder einer Mikrosystemkomponente in Verbindung mit einer hohen Flexibilität für den Anwender eignet sich das Chip-Size Packaging. Während bei den Einzeldrahtkontaktierungsverfahren die elektrischen Anschlüsse auf den äußeren Chiprand platziert werden müssen, um eine kreuzungsfreie Bondung zu ermöglichen, verteilt das Chip-Size Package die Anschlüsse mit einer zusätzlichen Verdrahtung über die gesamte Chipfläche.

Dazu wird ein Flextape auf die Chipoberfläche aufgebracht, welches die erforderliche Verdrahtung enthält, die am Rand passend zu den Bondpads auf dem Chip ausgerichtet ist und dieses Anschlussraster auf ein flächendeckendes Array von Anschlussflecken auffächert. Damit wird die enge eindimensionale Padanordnung an der Umrandung des Chips in eine zweidimensionale Anordnung gewandelt, die mehr Platz je Kontakt zur Verfügung stellt. Auf den Anschlüssen des Flex-Tapes befinden sich Lot-Höcker, die eine Flip-Chip- oder Spider-Montage ermöglichen.

Der Siliziumchip ist an seiner Rückseite mit einem Metallgehäuse gekapselt, um Umwelteinflüsse abzuschirmen. Das Gehäuse weist nur geringfügig größere Abmessungen als der Chip selbst auf, sodass eine flächensparende Integration auf einem Systemträger möglich ist. Vorteile des Chip-Size Packaging sind die zweidimensionale Anschlussanordnung, die Austauschbarkeit einer Schaltung zwecks Reparatur sowie die Unabhängigkeit der Anschlussbelegung vom jeweiligen Chipdesign. Bild 6.11 zeigt den typischen Aufbau eines Chip-Size Package.

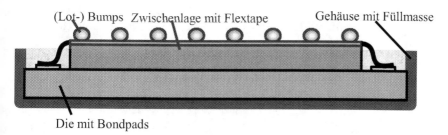

Bild 6.11: Chip-Size Package „Tessera" von Infineon, AMD, Intel u.a. /55/

Zur Montage wird zunächst das Flex-Tape auf der Schaltungsseite des Chips aufgebracht. Dabei können sich bereits die Lothöcker bzw. Bumps auf den Anschlussflecken befinden, damit keine hohen thermischen Belastungen zum Umschmelzen des Lotes mehr erforderlich sind. Anschließend folgt das Ultraschallbonden der Anschlüsse vom Chip zur Metallstruktur auf dem Flex-Tape, danach wird die Metallummantelung übergestülpt und mit Silicon oder Epoxydmasse vergossen.

Das gesamte Chip-Size Package ist maximal 20% größer als der Chip selbst, sodass im Vergleich zur Flip-Chip-Montage zwar ein höherer Flächenbedarf entsteht, allerdings wird dieser durch die Verdrahtungsvorteile wieder kompensiert.

6.5 Aufbau hybrider Mikrosysteme

Hybride Mikrosysteme beinhalten verschiedene Funktionseinheiten, z. B. Signalerfassung, Signalverstärkung und -verarbeitung sowie ergänzende Bauelemente zur Spannungsstabilisierung oder -filterung. Die Bauelemente des Systems befinden sich auf einem gemeinsamen Systemträger, der für den typischen Anwendungsfall in einem Gehäuse aus Metall gekapselt ist. Alternativ ist auch eine Ummantelung des Systemträgers in Spritzgusstechnik möglich.

Bild 6.12 zeigt ein geöffnetes Gehäuse mit einem hybriden Mikrosystem der Fa. Bosch zur Beschleunigungserfassung, bestehend aus dem Sensorchip, der Signalverstärkung und Digitalisierung sowie einem

Bustreiber zur Anbindung an den Bordrechner eines Kraftfahrzeugs. Die Kondensatoren im Bild sind als SMD-Bauelemente aufgelötet, die Chips in Einzeldrahtkontaktierung per Ultraschallbonden elektrisch sowohl untereinander als auch zur Platine verbunden. Die Spannungsversorgung erfolgt über die Dickdrahtbondverbindungen links im Bild.

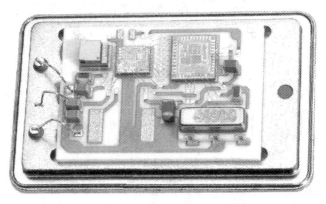

Bild 6.12: Beschleunigungssensormodul der Fa. Bosch GmbH als Beispiel für ein hybrid integriertes Mikrosystem

Abschließend sei darauf hingewiesen, dass auch rein elektronische Schaltungen inzwischen als Multichipmodul im Gehäuse zusammengefasst werden, um kurze Verbindungen mit geringen parasitären Induktivitäten zwischen den Bauelementen zu gewährleisten. Sie ermöglichen sehr hohe Schaltgeschwindigkeiten bei stark reduzierter Störempfindlichkeit gegenüber eingestreuten elektromagnetischen Wellen.

7 Literaturverzeichnis

[1] T. R. Hsu, J. S. Custer: „Fundamentals of MEMS packaging", in: MEMS Packaging, Hrsg.: T.-R. Hsu, INSPEC, London, 2004, S. 3-4

[2] F, Völklein, T. Zetterer: Einführung in die Mikrosystemtechnik, Vieweg Studium Technik, Braunschweig/Wiesbaden, 2000, S. 5

[3] U. Mescheder: Mikrosystemtechnik, 2. Auflage, Teubner, 2004, S. 6

[4] Untersuchungen zum Entwurf von Mikrosystemen, Innovationen in der Mikrosystemtechnik Band 19, VDI-VDE Technologiezentrum Teltow, 1994

[5] F. Völklein, T. Zetterer: Einführung in die Mikrosystemtechnik, Vieweg, Braunschweig, 2000

[6] H. Seidel: Naßchemische Tiefenätztechnik, in: A. Heuberger: Mikromechanik, Springer 1989, S. 251 ff.

[7] H. Seidel: Naßchemische Tiefenätztechnik, in: A. Heuberger: Mikromechanik, Springer 1989, S. 139

[8] J. Branebjerg, C.J.M. Eijkel, J.G.E. Gardeniers, F.C.M. van de Pol: „Dopant selective HF anodic etching of silicon-for the realization of low-doped monocrystalline silicon microstructures", Micro Electro Mechanical Systems, 1991, MEMS '91, Proceedings, 1991, S. 221 - 226

[9] M. Elwenspoek, R. Wiegering: Mechanical Microsensors, Springer, 2001, S. 53 ff.

[10] T. R. Hsu, J. Clatterbaugh: „Joining and bonding technologies", in: MEMS Packaging, Hrsg.: T. R. Hsu, Institution of Electrical Engineers, London, 2004, S. 32

[11] T. R. Hsu, J. Clatterbaugh: „Joining and bonding technologies", in: MEMS Packaging, Hrsg.: T. R. Hsu, Institution of Electrical Engineers, London, 2004, S. 39

[12] W. Menz, J. Mohr: Mikrosystemtechnik für Ingenieure, VCH Verlag, Weinheim, 1997, S.235 ff.

[13] R. Bischofberger H. Zimermann, G. Staufert: „Low-Cost HARMS-Process",
Sensors and Actuators A, Vol. 61, 1997, S. 392-399

[14] B. Hoppe: Mikroelektronik 1,2, Vogel Verlag, Würzburg, 1998

[15] U. Hilleringmann: Silizium-Halbleitertechnologie, Teubner-Verlag,
Stuttgart, 2004

[16] U. Hilleringmann: Laserrekristallisation von Silizium: Integration von
CMOS-Schaltungen auf isolierendem Substrat, Fortschritt-Berichte VDI,
Reihe 9, Nr. 82, VDI-Verlag, 1988, ISBN 3-18-148209-9

[17] R. E. Oosterbroek, J. W. Berenschot, H. V. Jansen, A. J. Nijdam, G.
Paudraud, A. v.d.Berg, M.C. Elwenspoek: „Etching Methodologies in
<111>-Oriented Silicon Wafers", IEEE Journal of Microelectromechanical
System, Vol. 9, 2000, pp. 390-398

[18] S. Timoshenko, S. Woinowsky-Krieger: Theory of Plates and Shells,
McGraw-Hill, New York, 1959

[19] H. Bezzaoui: „Integriert Optik und Mikromechanik auf Silizium",
Fortschrittberichte VDI, Reihe 9, Nr. 163, 1993

[20] M. Hoffmann: Plasmaabgeschiedene integriert optische Wellenleiter auf
Silizium für die faseroptische Kommunikationstechnik, Fortschrittberichte-
VDI, Reihe 10, Nr. 469, Düsseldorf, 1997, S. 41

[21] M. Hoffmann: Plasmaabgeschiedene integriert optische Wellenleiter auf
Silizium für die faseroptische Kommunikationstechnik, Fortschrittberichte-
VDI, Reihe 10, Nr. 469, Düsseldorf, 1997, S.80

[22] P. D. Trinh, S. Yegnanarayanan, B. Jalali: „Integrated optical directional
couplers in silicon-on-insulator", Electronics Letters Vol. 31, 1995, S. 2097-
2098

[23] Fa. Laser2000, Prospekt zum Laserinterferometer, 2002

[24] P. Krippner, J. Mohr: „Hochempfindliche LIGA-Mikrospektrometersysteme
für den Infrarotbereich", Institut für Mikrostrukturtechnik, Fakultät für
Maschinenbau der Universität Karlsruhe, Forschungszentrum Karlsruhe
GmbH, Karlsruhe, 1999

[25] T. R. Jay, M. B. Stern: „Preshaping photoresist for refractive microlens
fabrication", SPIE Vol. 1992, 1993, S. 275

[26] F. Völklein, T. Zetterer: Einführung in die Mikrosystemtechnik, Vieweg
Studium Technik, Braunschweig/Wiesbaden, 2000, S. 163

[27] Platin-Messwiderstände, Nuten-Widerstandsthermometer, Alzenau, Hartmann und Braun Sensycon, 1992

[28] T. Elbel: Mikrosensorik, Vieweg Studium Technik, Wiesbaden, 1996, S. 36

[29] H. Schaumburg: Sensoren, Teubner, Stuttgart, 1992, S. 34-35

[30] H. Schaumburg: Sensoren, Teubner, Stuttgart, 1992, S. 127

[31] Y. Kanda: „A graphical representation of the piezoresistance coefficients in Silicon", IEEE Trans. on Electron Devices, Vol. 29, 1982, S. 64-70

[32] A. Heuberger: Mikromechanik, Springer, 1989, S. 65

[33] J. Frühauf: Werkstoffe der Mikrotechnik, Hanser, 2005

[34] L. Ristic: Sensor Technology and Devices, Artec House, Boston, 1994, S. 145

[35] www.goodfellow.com, Aufruf am 24.11.2005

[36] www.bosch.com, Aufruf am 30.11.2005

[37] http://www.ims.fhg.de/uploads/media/business_field_micromachined_press ure_en.pdf, Aufruf am 28.11.2005

[38] T. Elbel: Mikrosensorik, Vieweg Studium Technik, Braunschweig/ Wiesbaden 1996, S. 102

[39] W. Wehl, Fachhochschule Heilbronn, Unterlagen zur Vorlesung Mikrosysteme

[40] http://www.hsg-imit.de, Aufruf am 20.11.2005

[41] Institut für Mikro- und Informationstechnik der Hahn-Schickard-Gesellschaft, Villingen-Schwenningen

[42] http://www.imsas.uni-bremen.de/research/MikroRel.pdf, Aufruf am 13.12.2005

[43] S. Michaelis: Entwicklung von mikromechanischen Schaltern für neuartige MEMS-Produkte unter Aspekten industrieller Fertigung, Dissertation, Universität Bremen, 2001

[44] T. Gessner, TU Chemnitz, http://www.zfm.tu chemnitz.de/tu/pdf/Mikro-spiegel%20Torsion.pdf, Aufruf am 03.01.2006

[45] D. Dudley, W. Duncan, J. Slaughter: "Emerging Digital Micromirror Devices (DMD) Applications", SPIE Proceedings, Vol. 4985, 2003

[46] Nach W. Wehl, FH Heilbronn, 2003

[47] www.sandia.gov liefert einen interessanten Überblick, Aufruf am 25.10.2005

[48] U. Hilleringmann, K. Goser: "Optoelectronic System Integration on Silicon: Waveguides, Photodetectors, and VLSI CMOS Circuits on One Chip", IEEE Trans. on Elec. Dev., Vol. 42, No- 5, 1995, pp. 841 - 846

[49] U. Hilleringmann: Mikrosystemtechnik auf Silizium, Teubner, Stuttgart, 1995, S. 144

[50] K. Schambach: Entwurf, Herstellung und Charakterisierung eines mikromechanischen Quecksilbersensors, Dissertation, Universität Dortmund, 2003

[51] www.hl-planartechnik.de, Aufruf am 25.10.2005

[52] W. Lang, S. Billat: Thermodynamischer Neigungssensor, http://www.hsg-imit.de/html/index.asp, Aufruf am 03.01.2006

[53] http://www.vogt-electronic.com, Katalog 2004

[54] L. Reindl, G. Scholl, F. Schmidt, Funksensorik und Identifikation mit OFW Sensoren, VDI Berichte Nr. 1530 (2000), p. 799-810

[55] Nach W. Wehl, FH Heilbronn, 2003

8 Stichwortverzeichnis

A

B

C

Teubner Lehrbücher: einfach clever

Dankert, Jürgen / Dankert, Helga
Technische Mechanik
Statik, Festigkeitslehre,
Kinematik/Kinetik

3., vollst. überarb. Aufl. 2004.
XIV, 721 S. Geb. € 49,90
ISBN 3-519-26523-0

Magnus, Kurt / Popp, Karl
Schwingungen
Eine Einführung in physikalische
Grundlagen und die theoretische
Behandlung von Schwingungs-
problemen

7. Aufl. 2005. 404 S.
(Leitfäden der angewandten Mathematik
und Mechanik 3; hrsg. von Hotz, Günter /
Kall, Peter / Magnus, Kurt / Meister,
Erhard) Br. € 29,90
ISBN 3-519-52301-9

Silber, Gerhard /
Steinwender, Florian
**Bauteilberechnung und
Optimierung mit der FEM**
Materialtheorie, Anwendungen,
Beispiele

2005. 460 S. mit 148 Abb. u. 5 Tab.
Br. € 36,90
ISBN 3-519-00425-9

Stand August 2005.
Änderungen vorbehalten.
Erhältlich im Buchhandel
oder beim Verlag.

B. G. Teubner Verlag
Abraham-Lincoln-Straße 46
65189 Wiesbaden
Fax 0611.7878-400
www.teubner.de

Teubner Lehrbücher: einfach clever

Mrozynski, Gerd
Elektromagnetische
Feldtheorie
Eine Aufgabensammlung

2003. XIV, 306 S. Br. € 27,90
ISBN 3-519-00439-9

Strassacker, Gottlieb / Süße, Roland
Rotation, Divergenz und
Gradient
Leicht verständliche Einführung in
die elektromagnetische Feldtheorie

5., überarb. u. erw. Aufl. 2003. XII, 284 S.
Br. € 26,90
ISBN 3-519-40101-0

Weber, Hubert
Laplace-Transformation
für Ingenieure der Elektrotechnik

7., überarb. u. erg. Aufl. 2003. VIII, 202 S.
mit 111 Abb.und 125 Beispielaufg.
(Teubner Studienbücher Technik) Br. € 18,90
ISBN 3-519-10141-6

Ivers-Tiffée, Ellen /
Münch, Waldemar von
Werkstoffe der Elektrotechnik

9., vollst. neubearb. Aufl. 2004.
VIII, 220 S. Br. € 24,90
ISBN 3-519-30115-6

Stand August 2005.
Änderungen vorbehalten.
Erhältlich im Buchhandel
oder beim Verlag.

B. G. Teubner Verlag
Abraham-Lincoln-Straße 46
65189 Wiesbaden
Fax 0611.7878-400
Teubner www.teubner.de

Teubner Lehrbücher: einfach clever

Künne, Bernd
Köhler/Rögnitz
Maschinenteile 1

9., überarb. und akt. Aufl. 2003.
475 S. Br. € 29,90
ISBN 3-519-16341-1

Künne, Bernd
Köhler/Rögnitz
Maschinenteile 2

9., überarb. und akt. Aufl. 2004.
526 S. Br. € 34,90
ISBN 3-519-16342-X

Künne, Bernd
Einführung in die
Maschinenelemente
Gestaltung - Berechnung -
Konstruktion

2., überarb. Aufl. 2001. X, 404 S.
Br. € 36,90
ISBN 3-519-16335-7

Stand August 2005.
Änderungen vorbehalten.
Erhältlich im Buchhandel
oder beim Verlag.

B. G. Teubner Verlag
Abraham-Lincoln-Straße 46
65189 Wiesbaden
Fax 0611.7878-400
www.teubner.de